乡村规划设计与实践教学丛书　主编　李郇
Series of Rural Planning and Design in Practice Edited by Xun Li

幸福渡河 共同缔造

李郇　陈銮　侯先昱　著
Authored by Xun Li, Luan Chen, Xianyu Hou

Co-creation of
Happy Duhe Village

·广州·

版权所有 翻印必究

图书在版编目（CIP）数据

幸福渡河 共同缔造／李郇，陈銮，侯先昱著. -- 广州：中山大学出版社，2025.5. --（乡村规划设计与实践教学丛书／李郇主编）. -- ISBN 978-7-306-08415-6

Ⅰ. TU982.29

中国国家版本馆 CIP 数据核字第 202551T2E8 号

XINGFU DUHE GONGTONG DIZAO

出 版 人：	王天琪
策划编辑：	曾育林
责任编辑：	曾育林
封面设计：	林绵华
责任校对：	杨曼琪　王百臻
责任技编：	靳晓虹
出版发行：	中山大学出版社
电　　话：	编辑部 020-84113349，84110776，84111997，84110779，84110283
	发行部 020-84111998，84111981，84111160
地　　址：	广州市新港西路 135 号
邮　　编：	510275　传　真：020-84036565
网　　址：	http://www.zsup.com.cn　E-mail：zdcbs@mail.sysu.edu.cn
印 刷 者：	佛山市浩文彩色印刷有限公司
规　　格：	787mm×1092mm　1/16　11 印张　225 千字
版次印次：	2025 年 5 月第 1 版　2025 年 5 月第 1 次印刷
定　　价：	50.00 元

如发现本书因印装质量影响阅读，请与出版社发行部联系调换

目 录

编者序 ··· 1

第一章　乡村规划 ··· 1
第一节　什么是乡村规划 ··································· 2
第二节　乡村为什么需要规划 ····························· 3
第三节　乡村规划是一个实践过程 ······················· 5
　　一、社会变革实践 ·· 5
　　二、日常生活实践 ·· 7
　　三、知识生产实践 ·· 9
第四节　美好环境与幸福生活共同缔造 ················ 10
　　一、乡村规划的认识论和方法论 ························ 11
　　二、规划的方法 ·· 12
　　三、规划的过程 ·· 14
　　四、规划师的角色转变 ····································· 18
第五节　课程设计说明 ······································ 19
　　一、课程性质与教学目的 ·································· 19
　　二、教学任务 ··· 20
　　三、实习场地 ··· 21
　　四、教学进度 ··· 21

第二章　实践过程 ··· 27
第一节　筹建共同缔造工作坊 ···························· 29
　　一、拉家常 ·· 30
　　二、办活动 ·· 30
　　三、入户宣传 ··· 31
第二节　问题识别，了解发展现状 ······················ 32
　　一、区位交通分析 ·· 32
　　二、山水格局研究 ·· 32
　　三、历史地理研究 ·· 33

　　　　四、现状资源梳理 …………………………………………… 34
　　　　五、重点人群访谈 …………………………………………… 37
　　　　六、问题研判 ………………………………………………… 39
　　第三节　方案共谋，形成发展愿景 ………………………………… 40
　　　　一、小组规划讨论会 ………………………………………… 40
　　　　二、村庄规划讨论会 ………………………………………… 41
　　第四节　采取行动，共建强化共识 ………………………………… 43
　　　　一、程垮桥修缮 ……………………………………………… 43
　　　　二、儿童乐园共建 …………………………………………… 45
　　第五节　制度保障，巩固实践成效 ………………………………… 46

第三章　规划方案 ………………………………………………… 49
　　第一节　规划思路 …………………………………………………… 50
　　第二节　总体布局 …………………………………………………… 51
　　第三节　功能分区 …………………………………………………… 54
　　第四节　设施布局 …………………………………………………… 56
　　　　一、公共服务设施 …………………………………………… 56
　　　　二、基础设施 ………………………………………………… 56
　　　　三、垃圾收集 ………………………………………………… 57
　　　　四、污水治理 ………………………………………………… 58

第四章　行动计划 ………………………………………………… 61
　　第一节　重点场所营建 ……………………………………………… 62
　　　　一、党群服务中心 …………………………………………… 62
　　　　二、邻里互助中心 …………………………………………… 68
　　第二节　房前屋后微改造 …………………………………………… 70
　　　　一、选点 ……………………………………………………… 71
　　　　二、设计 ……………………………………………………… 71
　　　　三、部分节点改造 …………………………………………… 72
　　第三节　公共空间改造 ……………………………………………… 74
　　第四节　产业培育与联农带农 ……………………………………… 78
　　　　一、品牌打造 ………………………………………………… 78
　　　　二、水果种植与销售 ………………………………………… 79
　　　　三、丝瓜种植与加工 ………………………………………… 79
　　　　四、研学旅游策划 …………………………………………… 80
　　　　五、食宿配套服务 …………………………………………… 81

第五章　机制体制 ··· 85
第一节　统筹协调机制 ·· 86
第二节　以奖代补机制 ·· 87
一、群众意见收集、分类办理的工作机制 ······················· 87
二、以奖代补项目管理办法 ·· 87
三、小额工程招标制度 ··· 88
第三节　群团组织下沉机制 ·· 88
第四节　群众激励机制 ·· 89
一、积分激励制度 ·· 89
二、共评共管制度 ·· 89
第五节　群众议事机制 ·· 90
第六节　乡规民约 ··· 90

第六章　规划实践的思考 ·· 93
第一节　绝知此事要躬行 ··· 94
第二节　共同缔造进阶版 ··· 105
第三节　渡河村聚落形态思考 ··· 110
第四节　乡土实践中的认知深化与成长 ································ 114
第五节　公共空间对村民行为的塑造 ···································· 116
第六节　闻之不若见之，知之不若行之 ································ 119
第七节　用村民世代积累的智慧，实现渡河美好的愿景 ········· 121
第八节　百年风雨百年梦，共同缔造惠乡村 ························· 124
第九节　推进共同缔造要紧紧抓好群众中的关键群体 ············ 125
第十节　共同缔造：蝶变中的渡河 ······································ 126

附　录 ·· 127
附录1　渡河村现状调查结果 ··· 127
附录2　渡河村历史地理研究 ··· 133
附录3　渡河村重点人群访谈记录 ······································ 141
附录4　和美乡村共同缔造建设指引 ··································· 146

后　记 ·· 162

编 者 序

改革开放以来,我国创造出快速城市化的奇迹。至2021年末,我国城镇人口达到9.14亿,占总人口的64.72%,在1979年这一比例仅为17.92%[①]。然而,仍有4.98亿人居住在233.2万个村落中[②]。与因资源要素聚集而获得快速发展的城市相比,广大乡村的发展相对滞后,成为制约我国城乡融合发展的主要障碍之一。

乡村振兴是一项长期的事业。从人类社会发展的一般规律来看,城乡发展不平衡问题是世界上任何国家在现代化进程中都无法回避的问题。许多发达国家都曾采取规划建设手段,辅以各种政策措施,尝试解决乡村衰退的问题,如法国的"农村振兴计划"、韩国的"新村运动"及日本的"造町运动"等。我国乡村振兴战略提出以来,在党和政府的关切下,乡村在产业发展、生态宜居、社会文化、治理水平、村民生活等方面均取得举世瞩目的成效,村民的获得感、幸福感、安全感大幅提升。

回顾我国乡村发展历程,乡村规划的作用非常突出。例如,人民公社规划、乡镇企业规划、小城镇规划、村庄规划等,始终服务于国家重大战略。近年,党中央、国务院提出开展农村人居环境整治提升与乡村建设行动,坚持规划先行,积极有序推进村庄规划编制,发挥村庄规划的指导约束作用,确保各项建设依规有序开展[③]。突出统筹推进,树立系统观念,先规划后建设,实现农村人居环境整治提升与公共基础设施改善、乡村产业发展、乡风文明进步等互促互进[④]。

乡村规划本身具有一套完整、独立的科学体系与工作方法,但不少规划师直接套用城市规划的方法规划乡村,导致规划与传统乡土社会脱嵌、与村民日常生活脱节,引发乡村风貌被城市景观取代、乡村地方性特色流失,以及因规划不当造成的资源配置不足或不公等问题。此外,不少村庄的基础设施和公共文化设施利用率低下,且缺乏有效的管理运营机制,造成资源浪费。

乡村不同于城市,有其自身特点:其一是完整性。麻雀虽小,五脏俱全。在空间上,乡村是由山、水、林、田、湖、草等要素共同构成的完整人居系统;在时间上,乡村是在漫长的历史时期内由自然演化和社会发展而成、承载着一定秩序和伦理的栖息地。其二是地域性。我国幅员辽阔,不同区域之间地形、气候、降水、文化等都有

---

① 数据来源:《中国统计年鉴2022》。
② 数据来源:《中国城乡建设统计年鉴2022》。
③ 《乡村建设行动实施方案》,中共中央办公厅、国务院办公厅印发。
④ 《农村人居环境整治提升五年行动方案(2021—2025年)》,中共中央办公厅、国务院办公厅印发。

较大差异。村与村之间无论是宏观的山水格局、中观的聚落形态，还是微观的农房营造特质都有所不同。其三是集体性。村落是人们在长期生产生活中形成的共同体，村民之间守望相助、相互扶持，邻里协作非常广泛，共同建设了水利、桥梁、道路、宗祠等设施。其四是分散性。为适应山岳、丘陵、湖泊等自然环境，形成了大分散、小聚居的村庄格局；相应地，村庄内的各类设施，诸如污水处理池、活动小广场等，大多呈现出规模小且分散的特点。因此，对乡村进行规划，最重要的是将空间与社会相结合，对村落的自然地理、历史地理、经济地理条件进行整体考虑。乡村的特征和乡村规划的综合性对培养具备实践智慧、处理复杂实际问题能力以适应当代发展需求的规划人才提出了更高的要求。

乡村规划教育的历史可追溯到一个世纪前张謇在南通开展的探索。他提出"实业教育并进迭用"的思想，以实业获取资金辅助教育，以教育培育人才改良实业。张謇包括其后的晏阳初、梁漱溟、陶行知等知识分子，倡导将农民组织起来，通过兴办教育、改良农业、提倡合作、改善公共卫生和移风易俗等措施，以复兴日趋衰落的乡村。他们无一例外都将解决乡村问题作为转型过程中解决社会问题的方法和手段，寻找改造中国、振兴中华的良方[1]。他们的努力有乡村规划的思想，由于时代的局限性，均以失败告终。

在以中国式现代化全面推进中华民族伟大复兴的时代使命下，高校应当走出教学和科研的象牙塔，更多地参与解决社会问题。与大多数人文/社会科学学科不同，乡村规划既不是解释性的，也不是预测性的，而是关于良好实践的学科[2]。然而，由于传统教学课程结构的局限、专业教育的过度细分，以及实践教育的缺失，导致规划教育与社会实践出现分离的现象。另外，社会总是发展的，对规划教育的要求也随之变化。尤其是当前，面对复杂的国际政治局势、全球性经济危机、气候变化等外部形势，以及快速城镇化造就国内城乡建设出现诸多问题，规划教育必须进行深入的思考和实质性的改革，以适应市场变化和技术进步，更好地服务国家与人民的需求。这就要求学生在接受传统的课堂教育之外，还应走向田野、走向乡村社会，不仅需要掌握相关理论，还需要培养实际操作的技能、解决问题的能力以及团队合作的能力。

为此，不少学者和业内人士开始呼吁一种理论结合实践的规划教育体系[3][4]。比

---

[1] 彭秀良、王长征：《梁漱溟与乡村建设运动》，载《中国社会工作》2019年第4期，第44-45页。

[2] Friedmann J. "Teaching planning theory". *Journal of planning education and research*，1995，14（3）：156-162.

[3] Baldwin C., Rosier J. "Growing future planners: a framework for integrating experiential learning into tertiary planning programs". *Journal of planning education and research*，2017，37（1）：43-55. Campbell H. "Planning to change the world: between knowledge and action lies synthesis". *Journal of planning education and research*，2012，32（2）：135-146.

[4] Campbell H. "Planning to change the world: between knowledge and action lies synthesis". *Journal of planning education and research*，2012，32（2）：135-146.

如吴良镛先生倡导"教学、科研与实践相结合"的模式①，规划师应当是有理想的实践家和改革的促进派，不仅要有艰苦奋斗的学习研究精神，也要有脚踏实地的奉献精神②。乡村规划教育变革的方向，在于三个"回归"：回归原理、回归人民、回归实践。所谓回归原理，就是回归乡村规划的基本价值观和方法论，万变不离其宗，规划师需要尊重乡村发展规律、遵循乡村规划的基本原则，以空间为缔造美好环境与幸福生活的载体；规划结合治理，建立有效的组织与资源配置体系，构建综合、统一的人居秩序与治理体系③。所谓回归人民，就是走新时期的群众路线，为村民的日常生活而规划，通过规划将村民组织起来，找到最大公约数，提升村民福祉和凝聚力。所谓回归实践，就是乡村规划要从实践中来、到实践中去，坚持问题导向、目标导向与结果导向相结合，在实践中检验并不断完善规划。崔功豪先生也强调规划教育理论与实践相结合的传统，注重在规划实践中培养学生调查、研究、综合分析的能力④。

中山大学是探索乡村规划变革的主阵地之一，地理系成立于1929年，在新中国成立初期便开始扎根乡村，主要以服务农业为目标，以划分农业区划、研究农作物布局为主要任务。20世纪60年代许学强先生等在广东各地乡村深入调研后，通过比较各类作物不同轮作方式的经济效益，科学规划农作物布局，为农业与农村发展作出了贡献⑤。2000年，设立城乡规划学科，培养地理学背景下以城乡规划为核心，多学科交融的规划人才。2012年，单独设置乡村规划课程，包含乡村规划原理与实践两门课，引导同学们扎根乡村、为村民服务。乡村规划就是要培养学生对乡村的认知、专业技能与动手能力，在乡村规划实践中获得将时间与空间相结合，以及历史、现在与未来综合思考的能力。十几年来，我们带领同学们开展调研访谈和在地设计，将足迹踏遍广州乃至周边地区的许多村落，诸如花都区港头村、黄浦区深井村，甚至珠海市的淇澳村，等等。时至今日，这些村落仍然留存同学们的规划方案，村民们也是对中山大学师生印象颇深。

中山大学中国区域协调发展与乡村建设研究院成立于2019年，依托住房和城乡建设部与中山大学的优势资源和研究力量，长期从事乡村规划与研究工作。早在研究院成立9年前的2010年，在时任云浮市委书记的领导下，我们便在"云浮共识"中提出"实践探索与理论创新相互促进""美好环境与和谐社会共同缔造"的倡议。将乡村规划与乡村治理相结合，通过在广东、福建、辽宁、青海、湖北和云南等全国多

---

① 吴良镛：《论城市规划教育》，载《吴良镛城市研究论文集》，中国建筑工业出版社1996年版，第204-208页。
② 吴良镛：《迎接新世纪的来临——论中国城市规划的发展》，载《吴良镛城市研究论文集》，中国建筑工业出版社1996年版，第3-20页。
③ 吴良镛：《明日之人居》，清华大学出版社2013年版。
④ 崔功豪：《情系规划忆岁月》，中国建筑工业出版社2022年版。
⑤ 雷雅钦、谢书悦：《许学强教授：克难履艰求学路，师恩难忘报国情》，https://mp.weixin.qq.com/s?_biz = MzI1MzIxNTExMg = =&mid = 2247505881&idx = 1&sn = 94c9f3e4107b4714d86e9dea7173 7526&chksm = e-9d57f3edea2f628160e5d31fca3dfdf9d08cb21a5052813b287aae2e8dd201254e8b1b8e2f2&scene = 27。

个省份 50 多个城乡社区的实践，探索出共同缔造理念下的乡村规划模式。同时，共同缔造也是规划教育创新的实践探索。对于同学们而言，共同缔造理念下乡村规划是在实践中学习的过程，是同学之间知识交流的过程，也是在乡村优美的自然环境和悠久的历史文化中陶冶情操的过程，还是培养社会责任感的政治思想教育的过程。

  本系列的三本书选取我们团队在云南省凤庆县的红塘村、塘房村以及湖北省黄梅县的渡河村开展的乡村规划共同缔造为例，作具体介绍，与读者共飨。红塘村与塘房村属于中山大学对口帮扶凤庆县的重要组成部分，自 2013 年起中山大学已对口帮扶凤庆 12 年。我们自 2021 年起加入帮扶行列，逐步进入红塘村与塘房村开展共同缔造工作，团队师生前后在两个村庄驻场 10 余次，总驻场时间 100 余天，驻场人次达 200 人以上。我们分别以小菜园和农房改造为切入点开展美好环境与幸福生活共同缔造工作，三年多时间内，在两村村民、村委以及中大规划团队的共同努力下，红塘村与塘房村的村庄面貌均焕然一新，村民社会关系日益紧密。渡河村是湖北省委、省政府确定的共同缔造试点村之一，以探索基层治理现代化路径。我们从 2023 年起开展共同缔造工作，引导政府资源配置与村民日常生活有效衔接，完成党群服务中心、儿童乐园、小菜园、邻里互助中心等空间的规划建设；同时将基层治理与乡村规划相结合，引导县镇村各级建立了以奖代补机制、群众议事制度、党群组织下沉制度等机制体制，有效提升了渡河村的治理水平。

  "不积跬步，无以至千里；不积小流，无以成江海。"100 多年前，梁漱溟面临乡村问题，曾发出"吾辈不出如苍生何"的感叹，继而躬身入局；及至今日，乡村新的机遇和问题叠加，正如吴良镛先生在《八十回顾，一得之愚》的发言中所说，"……道路还很漫长，也很艰巨，涉及社会，涉及改革，也许需要几代人努力才能完成。跬步千里，离不开点点滴滴的创造，我们肩负时代使命，工作不能懈怠，不能放弃一切创造的努力"。目前，三个村以及全国许多村的规划实践工作仍在继续，不断告诫我们规划者需要登山临水、知古论今，做到真正向自然学习、向历史学习、向村民学习。

第一章

乡村规划

本章主要阐述乡村规划的基本概念、核心特征及其作为实践过程的本质属性。乡村规划不仅是空间形态的设计,更是社会变革、日常生活重构与知识生产的综合性实践,要求规划师实现角色转型——从传统的技术主导者转变为协商者、学习者和组织者。其中,"共同缔造"作为一种以自然村为单元的参与式规划方法,尤其强调村民在规划过程中的主体性作用。最后,本章将对课程设计的框架与内容进行说明。

第一节　什么是乡村规划

乡村规划是对一定时期内村庄的生产、生活、服务设施、公益事业等各项建设的用地布局、建设要求，以及对耕地等自然资源和历史文化遗产等文化资源进行保护、防灾减灾等的具体安排和实施管理①。乡村规划核心是对乡村空间的有序安排，包括聚落布局、生产活动、公共服务设施、基础设施和环境等。但作为一种综合规划，乡村规划还是公共事务治理与群众参与的实践过程（见图1-1）。

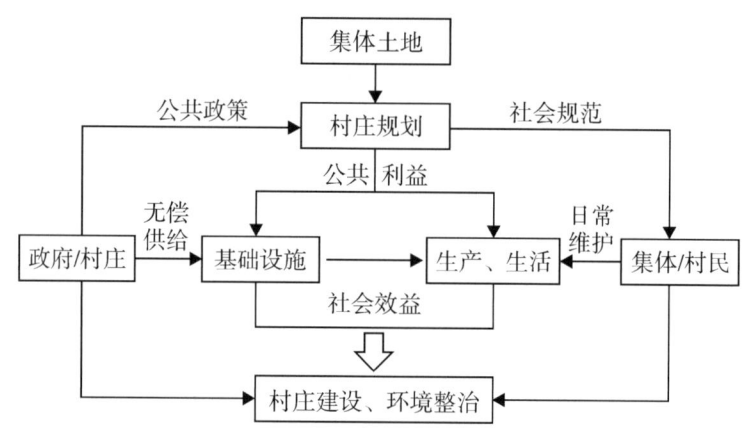

图 1-1　村庄规划编制实施机制②

乡村规划具有组合性和社会性，体现在其与经济社会发展紧密联系且涵盖内容广，要求规划人员掌握多样性和综合性的技能。

乡村规划与社会发展的密切联系，体现在其深刻反映了当地的历史、文化、经济特征。传统乡村在发展过程中形成农业、农民和农村相互适应的内部稳定结构的关系，围绕农民的"一田一舍"构建了日常生活的空间③。乡村不仅是农业生产的基本单元，也是文化传承和生态保护的重要载体。因此在规划过程中，必须考虑乡村的历史脉络，尊重当地的文化传统，同时要适应经济发展的需求。这意味着规划师需要对乡村的社会结构、居民生活习惯、地方特色文化有深入的了解，确保规划方案能够促进当地社会的和谐发展，增强乡村的内在活力。

乡村规划具有"麻雀虽小，五脏俱全"的特点。村落的生产、生活、生态功能

---

①　孙施文：《现代城市规划理论》，中国建筑工业出版社2007年版。
②　周锐波、甄永平、李郇：《广东省村庄规划编制实施机制研究——基于公共治理的分析视角》，载《规划师》2011年第10期，第76-80页。
③　吴良镛：《中国人居史》，中国建筑工业出版社2014年版。

高度复合，是"生态单元"与"人居单元"相互作用的复杂系统，体现了天人合一的朴素哲学思想①。乡村规划涵盖了住房、土地、水文、气象等方面，要求规划者综合运用多种知识和技能。在规划过程中，不仅要考虑房屋建设和土地使用，还要关注水资源管理、生态环境保护、气候适应性等问题。遵循乡村自然与人居系统演化规律，统筹谋划乡村资源配置，围绕"人"与"地"进行空间配置，形成具有一定结构、功能和区际联系的乡村空间体系②。这要求规划者具备跨学科的知识储备，能够综合运用地理学、建筑学、环境科学、经济学等领域的知识。

乡村规划是工程技术与社会交往的结合。这要求规划者不仅要有扎实的专业技术和解决问题的能力，还必须具备良好的表达和沟通能力。规划师需要与政府部门、当地居民、企业、专家等多方主体开展有效沟通，能够清晰地传达规划理念、设计方案，能够倾听和理解不同利益相关者的需求和期望。在规划过程中，必须尊重村民在乡村规划中的主体地位，使自上而下的资源配置与群众需求有效衔接，而这也是党的群众路线的具体体现。

第二节　乡村为什么需要规划

我国古代形成了"法天象地，顺乎自然"的规划思想。春秋时期《管子》一书提出"高毋近阜而水用足，下毋近水而沟防省"，指出聚落建设应"因天才，就地利"。中国5000年的村落规划建设历史大多适应周围山水格局，在漫长的发展演变中逐渐形成了独特的自然精神内涵。中华文明讲求以文兴村，受耕读文化、宗族文化的影响，在长期生产、生活与对外交往中，村落内部按照一定规则形成了独特的人文空间格局，承载着深厚的历史文化信息。

先秦时期，先民们经历了"居住革命"——从穴居走向人工住所。农村聚落的形成与演变，均以农业生产为根基，并与耕地、水系、山林等自然要素结合。这孕育了人们对空间要素进行配置的理念③，也形成了人类活动顺应自然、改造自然的想法④。在不断的生产实践中，先民们总结了一套独特的村落选址和规划的方法，尤其是在建设选址、要素布局时，考虑地质、地貌、水文、日照、风向、气候、景观等自然要素与日常生活的结合。大区域格局下的"辨形胜"为农村聚落的地理位置选择、山水格局的形成奠定了基础；而在山形水势有缺陷、生产不便之时，人工规划设计的力量介入，使村落的自然格局与要素布局达到完善、协调的状态。

乡村规划的核心在于土地的合理分配和使用。《管子·乘马》就阐述了"量地以

---

① 梁漱溟：《乡村建设理论：中国命运之前途》，上海人民出版社2011年版。
② 洪亮平、郑涛：《乡村规划中乡村人地关系基本认知方法研究——以扬州市江都区为例》，载《城市规划》2018年第11期，第20—32页。
③ 刘沛林：《古村落：和谐的人聚空间》，上海三联书店1997年版，第17—41页。
④ 吴良镛：《中国人居史》，中国建筑工业出版社2014年版。

制邑"的思想,即以土地为核心,实现人地均衡的规划理念。这一单元是配置地、人、税、币、谷等要素的单元,形成了土地肥力、人口规模、赋税数量等的配比关系。这一单元也是社会组织和管理的基本单元,官方以"一乘之地"收取税赋,也成为具有内在凝聚力和认同感的社会单元。单元之间能够组合构建更大尺度的空间格局,并最终形成国家治理的空间体系。乡村规划抓住了传统农业社会以土地为核心生产要素的本质特征,通过土地来配置各类资源要素,统筹经济、政治、社会和文化等要素的关系。现今,人们更充分认识到土地资源的稀缺性和不可再生性。通过乡村规划对土地的分配,能够平衡农业用地、居住用地、公共设施等用地不同的功能需求,优化土地使用结构。

乡村发展有其规律和秩序。中国农村呈现层层相套、向内聚合的聚落模式。一般而言,最外围是村落的边界,常以一些建筑标志或丛林溪流为划分,称为水口。向内经过一段平缓的过渡空间,到达村口。村口空间较为开阔,通常布置一些高大明显的建筑物,如祠堂、庙宇、书院、牌坊等,作为入村的提示。进入村庄,建筑通常鳞次栉比地排列在街道两旁,通往村落的中央。在一些商业发达、规模较大的村镇,主要街道两旁布置有店铺,成为商业街。村落的中心一般为较宽阔的广场,是居民的公共空间。居民的住宅以此为中心延展,以狭窄的街巷相连。整个村落向内聚合,有强烈的向心性。乡村日常生活空间布局见图1-2。

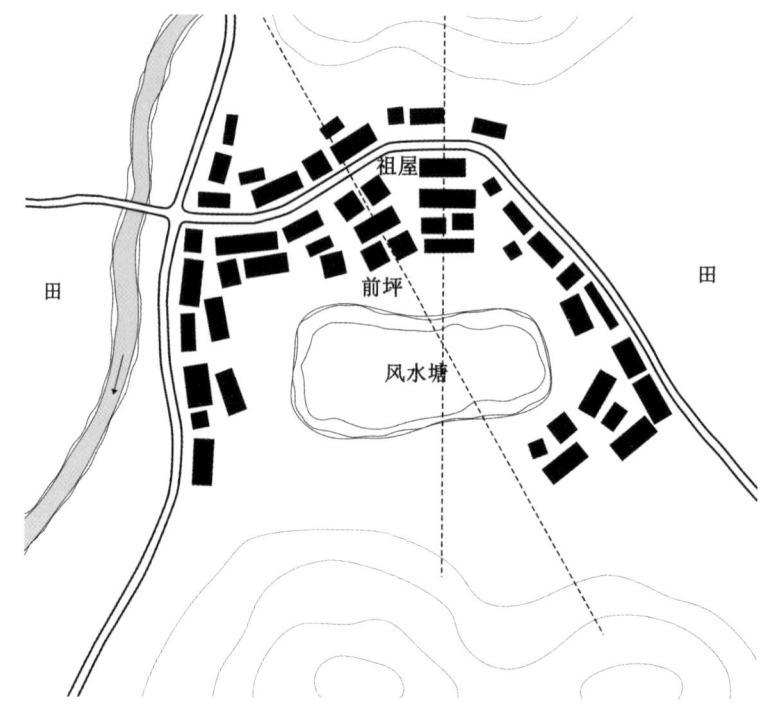

图1-2 乡村日常生活空间布局*

---

* 本书图若无引用或特殊说明均为笔者自绘,下同。

乡村规划就是通过把握乡村发展的规律，对乡村各要素进行梳理和设计的过程，在追求乡村空间秩序的同时，实现社会秩序的有序，而这则具体体现在对以下几类空间要素的把握。

一是以农房为核心的建成环境。农房是乡村聚落的基本组成[①]。农民通过建房将财富固定在土地上，成为农村重要的资产，也体现了本地化的生活方式。中华人民共和国成立以来，有"20 世纪 50 年代盖草房、60 年代建瓦房、70 年代扩建房、80 年代砌楼房、90 年代装修房"的说法。农房建设始终是乡村中体量最大最基础的建设活动。

二是以水为脉的空间要素，包括沟渠、池塘、溪流、井口、暗沟等。"水"是传统村落选址建设考虑的首要元素，水的利用与疏导排放成为村落营建中的重要内容。传统村落的总体布局特别关注"理水"，通过对水的疏导和利用，促使村落营建，推动村庄形态形成。

三是围绕公共生活的空间要素，包括宗祠、广场、风水塘、大榕树、山等，还有亭、庙、塔等礼制空间。公共空间使村民对所处的地方有清晰的认知。由村民共同营建公共空间的村庄，往往更有凝聚力。

第三节　乡村规划是一个实践过程

一、社会变革实践

空间是经济社会问题的物质反映。规划通过对未来的空间进行安排，目的是以空间有序实现社会有序。

溯源现代规划的经典案例，无论是霍华德的田园城市，还是柯布西耶的光辉城市，均从一开始就表明了寻找社会改革方案的意图，即将社会改革的理想融入对物质空间的组织中，并把物质空间的组织作为社会改革和实现新的社会制度、体制的基础。规划是在某种特定的国家政体下对城乡发展管理方式的层级构建——从城镇体系到理想城市，再到城市内部的功能分区，最后到日常生活的功能单元。这些经典案例不仅从技术层面提出了城乡空间的美好蓝图，更建立起从空间安排到社会秩序再到政策响应的一整套社会变革方案。

传统营建体现了国家与乡村基层社会不断互动的治理关系。国家通过驿道、驰道、水利、集市等各种建设，与基层农户紧密联系在一起，实现对全国各地的治

---

① 李郇、许伟攀、黄耀福等：《基于遥感解译的中国农房空间分布特征分析》，载《地理学报》2022 年第 4 期，第 835－851 页。

理①②。基于"礼制"对天下人居进行空间安排,岳渎、坛庙、神祠等的设计就是礼制在国家层面的空间阐释。隋唐时期,国家疆域辽阔,社会相对稳定,相对完善的天下人居空间结构得以构建,体现在自上而下的行政建制与城市体系、"岳镇海渎"的祭祀体系,以及以都城为中心、联结全国、连通外域的交通系统等③。农户和地方宗族通过农房建设、设施管理和维护,接入国家体系。大型基础设施的建设多是国家行为,而围绕日常生活进行的生产、生活建设,普遍具有更大的民间性和地方性。

20世纪20年代初,乡村建设成为国家转型期间解决社会问题的方法和手段。晏阳初、梁漱溟、陶行知等知识分子通过水利、乡学、合作社诸类生活、生产及文化事业的建造,阻止了乡村在现代化过程中衰落④⑤。20世纪末,在日益扩大的城乡差距背景下,乡村建设再次成为中国现代化建设和全面建设小康社会的重要抓手⑥⑦⑧。国家通过对乡村改水改厕⑨、农田标准化建设⑩、道路⑪、通信、教育等基础设施和新农村社区建设领域投资⑫,在一定程度上推动了城乡统筹进程⑬。为打赢脱贫攻坚战,国家提出美丽乡村建设等政策行动,成为缩小城乡差距、推动城乡融合的有效衔接⑭。党的十九届五中全会首次提出"实施乡村建设行动",党的二十大进一步确定了农村基本具备现代生活条件是我国基本实现社会主义现代化的总体目标之一。

伴随我国城镇化进程的快速与深入发展,乡村地区面临产业结构调整、人口流动、土地利用变化等一系列挑战。乡村规划通过调整空间布局、优化资源配置、推动产业发展,促进乡村社会经济的转型升级,适应社会变革的需要。同时,乡村规划是社会动员的过程,需广泛鼓励村民、专家、政府等参与。这种参与不仅是科学决策、有效投资的体现,也是共识形成的过程。

---

① 王子今:《秦汉交通史稿》,中国人民大学出版社2013年版。
② 任放:《中国市镇的历史研究与方法》,商务印书馆2010年版。
③ 吴良镛:《中国人居史》,中国建筑工业出版社2014年版。
④ 王先明:《中国乡村建设思想的百年演进(论纲)》,载《南开学报:哲学社会科学版》2016年第1期,第26页。
⑤ 郑大华:《民国乡村建设运动》,社会科学文献出版社2000年版。
⑥ 林毅夫:《新农村运动与启动内需》,载《小城镇建设》2005年第8期,第13-15页。
⑦ 王景新:《中国新乡村建设悄然兴起——写在〈中国新乡村建设丛书〉出版之际》,载《中国农村经济》2005年第5期,第3页。
⑧ 马晓河:《如何开展新农村建设》,载《决策》2006年第1期,第50-51页。
⑨ 刘晓慧:《我国农村生活污水排放现状初析》,载《安徽农业科学》2015年第23期,第234-235、238页。
⑩ 李广业:《苍梧县耕地地力现状及利用对策》,载《吉林农业》2011年第8期,第45、3页。
⑪ 罗仁福、张林秀、Alex Wong等:《我国农村道路投资质量研究》,载《农业技术经济》2014年第3期,第4-15页。
⑫ 郑新立:《建设新农村需要制度设计》,载《今日中国论坛》2006年第Z1版,第17-18页。
⑬ 徐勇:《"回归国家"与现代国家的建构》,载《东南学术》2006年第4期,第18-27页。
⑭ 郑瑞强、郭如良:《"双循环"格局下脱贫攻坚与乡村振兴有效衔接的进路研究》,载《华中农业大学学报(社会科学版)》2021年第3期,第19-29、183页。

二、日常生活实践

日常生活是实践的基础。日常生活平凡而伟大，是一个与每个人的生存息息相关的领域，是每个人无时无刻不以某种方式从事并重复的最基本的活动。日常生活是人在亲身经历中形成的历时性和共时性的统一体。对美好生活的向往和追求是人们从古至今、一如既往的集体意识。人的生命虽然有限，但每一代创造的生活实践并不会消失。每个人都有对美好生活的设想和追求，这是形成共识、共同解决问题的根本动力。

美好环境是日常生活的载体。人居天地之间，通过构建日常生活的空间，连接自然与社会。海子的诗里所说的"从明天起，做一个幸福的人，劈柴、喂马……"指的是从房前屋后的小事做起，关心附近发生的事。正是发生在日常生活空间中的行动，为人们提供了经验和知识①。乡村中的晒谷场、大榕树、田间地头承载着村民的日常生活，村民在这些空间中形成具有韵律性的运动，从而产生了乡村日常生活的"节奏"②。尽管20世纪以来，在城市化、现代化的影响下，传统的村落生活图景已经发生了极大的变化，由乡土中国向乡愁中国转变。但不变的是，美好的日常生活空间始终是理想生活的载体。

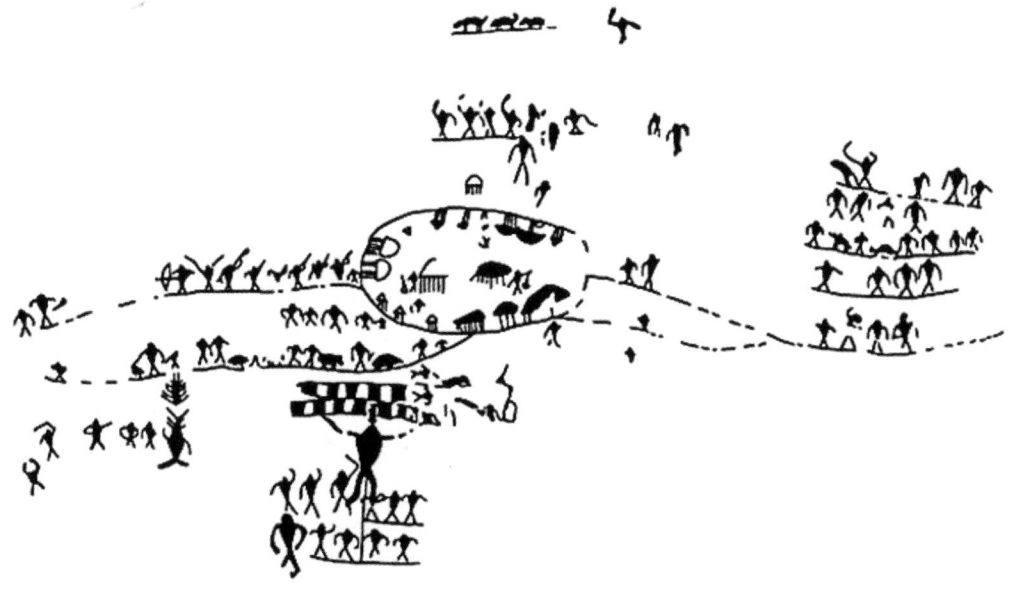

图1-3 云南沧源岩画中的"村落图"③

---

① 米歇尔·德·塞托：《日常生活之实践：实践的艺术》，南京大学出版社2015年版。
② 孙九霞、周一：《日常生活视野中的旅游社区空间再生产研究——基于列斐伏尔与德塞图的理论视角》，载《地理学报》2014年第10期，第1575-1589页。
③ 郑锡煌：《中国古代地图集——城市地图》，西安地图出版社2005年版。

乡村规划以日常生活的具体议题为内容，具有实践的基础。人们从早期建造聚落开始，便开始通过规划空间来支持在其中发生的衣、食、住、行等日常生活的活动（见图1-3），如市场、交换、祭祀、防御、运动和休闲等。日常生活空间来源于人们在日常生活中的主动创造。这些空间将发生在家庭的私人活动和满足人们日常需求的活动联系在一起，也将个人的主动实践与社会公共生活联系在一起，塑造了人与自然、人与社会结构、个体与国家之间的积极联系①。

乡村规划涉及的日常生活空间主要包括以下四类。

1. 房屋

房屋因居住需求而诞生。农民在住宅建造中融入了自身的喜好和审美，也凝聚了劳动的成果和毕生的财富。在住宅建设过程中，村民们对村落的地理环境、气候条件、风水布局、生活方式和文化观念达成了共识，并通过代际合作与邻里互助，共同构建邻里和睦的社会基础②。例如，在青海的农村地区，采用"干打垒"的方式，一家建房，全村协助，这种做法已经形成了一种乡规民约，代代相传。在现代化进程中，村民居住需求的迭代、生产与生活功能的分离、多功能乡村业态的出现，推动了房屋功能、材料、工艺等方面的进步。

2. 房前屋后

房前屋后是指家庭生活与公共生活之间的过渡地带。村民们种植蔬菜、花卉，饲养家禽，享受着自给自足的生活乐趣。这里不仅是村民们的休闲场所，也是他们与邻居、村庄和自然环境交流互动的空间。房前屋后的建设和改造与村民切身利益直接相关，同时也具有一定公共性的建设行动，最能激发村民的参与热情。通过每一家、每一户的共同努力，可以有效地实现村庄整体风貌的提升。房前屋后的改造不仅改善了村民的生活环境，还增强了村庄的凝聚力和村民的归属感。村民们通过共同参与房前屋后的建设，建立了更加紧密的邻里关系，促进了村庄的和谐发展。

3. 公共空间

公共空间是人们日常生活轨迹发生交互的地方。在古代，人们为了积累功德，有"首倡三善"的说法，即铺设道路、修建桥梁和建立学校。这些公共空间不仅是村民集体智慧的结晶，也是增强社区认同感的空间载体。公共空间包括重要的服务设施，如活动中心、卫生室；重要的建筑，如祠堂、庙宇；标志性的小景和元素，如大榕树、牌坊；一定的开放空间，如广场、池塘、公园等。这些公共空间帮助人们形成对地方的整体认知，并让地方在人们的意识中占据一席之地。村民共同建设公共空间，能够将人们凝聚在一起。

---

① Michael Dobbin：《城市设计与人》，电子工业出版社2013年版，第34页。
② 肖唐镖：《乡村建设：概念分析与新近研究》，载《求实》2004年第1期，第88-91页。

4. 基础设施

水、电的普及使村民能够享受现代化生活的便利，如清洁的水源、稳定的电力供应，这直接影响了村民的日常生活。基础设施的建设使村民的生活空间得以扩展。例如，道路的建设使村民能够更方便地出行，拓宽了他们的活动范围，使村庄内外的生活空间得以整合。目前，农村的水、电、路、网等基础设施建设已经实现了广覆盖，基本能满足农村居民的生产、生活需求。然而，农村的分散性仍然是基础设施建设和管理面临的一大挑战。此外，村民对村庄规划提出了新的要求。例如，新增居民点的打造，污水处理、垃圾处理、燃气供应等设施的配套与完善等。

三、知识生产实践

空间与社会的辩证关系，是规划的基本假设。空间不仅是物理层面的实体，还承载着错综复杂的社会关系。在传统乡村中，宗祠通常是家族权威和血脉传承的象征，其位置和规模通常反映了家族在村落中的地位和影响力。社庙则是村民共同信仰和社区凝聚力的体现，其建设和维护是社区成员共同参与的结果。空间也是由社会观念和地方文化塑造的。例如，宗祠通常位于村庄中心或显眼位置，这反映了家族在社区中的重要地位。一些地方的宗祠建筑风格独特、装饰精美，这不仅是家族财富的展示，也是对家族历史和文化传承的重视。

乡村规划是对乡村社会认知的深化。这一过程通常涉及对乡村社会、经济、文化等方面的深入调查和分析。规划师通过田野调查、访谈、数据分析等方式，收集关于乡村的第一手资料，将其作为知识生产的基础。在理解乡村社会的基础上，规划师编制的规划方案本身就是知识的生产。这些方案不仅包含了如何利用空间和资源的技术知识，还包含如何促进社区发展和提升居民生活质量的策略。规划过程使规划师能更深入地了解乡村的社会结构和运作机制，包括家族关系、邻里互动、社区治理等。通过规划实践，规划师能够更准确地把握乡村的发展需求和潜在问题，从而提出更合理的规划建议。

乡村规划是体验完整空间的实践。规划师以空间为切入点开展行动，形成可感知、可体验、可评价的物质环境。空间环境的好坏及其生命力如何，在很大程度上取决于使用者——生活在那里的村民。规划师需要考虑如何通过空间布局和设施配置，提升村民的日常生活体验。这种空间体验是将理论知识转化为实践成果的过程。乡村规划还关注空间的动态变化，即随着时间的推移，乡村空间如何适应社会经济发展的需要，这是知识生产在实践中的持续过程。

规划是一种实践，其本质是根据对不同行动方案的结果的知识假设来行动[1]。规

---

[1] Baum, H. S. "Teaching practice". *Journal of planning education and research*, 1997, 17 (1): 21-29.

划的核心能力是反思性实践①,即在行动中运用知识的能力。规划理论的主要目标是改进规划的实践②。在规划的发展历程中,实践始终是知识积累和创新的源泉。关于规划的正确知识不是空中楼阁,而是建立在实地调研、数据分析和经验总结的基础之上的。规划教育不仅是知识传授,还应注重如何将知识转化为实际行动,从实际行动中获取知识,形成知识与行动的闭环(见图1-4)。

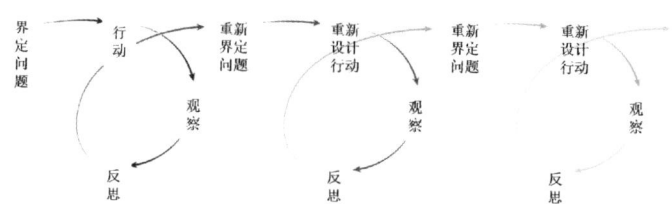

图1-4　实践学习的过程③

在乡村规划的知识生产实践过程中,涉及三种类型的知识:①基础知识,简单但必不可少的日常经验或技巧,主要由生活在本地的居民掌握,并受到当地社会价值观和规范的影响;②过程知识,识别和解决问题的关键环节,以及采取手段和方法促进这些环节的相关知识的普及,通常由规划人员和政府机构主导;③专业知识,属于规划学科本身的内容,用于解决具体问题,并整合基础知识和过程知识,主要由规划人员掌握。

第四节　美好环境与幸福生活共同缔造

改革开放以来,在人口、资源、社会等多重矛盾的叠加下,乡村规划暴露出诸多问题,传统发展模式下的规划价值观面临重塑。以往规划作为土地财政下政府促进经济增长的工具,难以满足新型城镇化"以人为本"的要求。规划"自上而下"的工作方式与实施产生脱节,规划缺乏群众参与,自然也就缺乏群众支持,导致规划难以实施,甚至成为引发矛盾和冲突的根源。乡村规划的组织体系和资源配置体系不畅通,各层级、各部门间缺乏统筹,无法形成一致行动,多数规划沦为"纸上画画、墙上挂挂"的形式化过程。对此,乡村规划呼吁变革。

吴良镛先生在《广义建筑学》中强调,美好建筑环境是与美好社会理想共同缔

---

① Schön, D. A. Educating the reflective practitioner: toward a new design for teaching and learning in the professions, *Jossey-Bass*, 1987.

② Friedmann, J. "Teaching planning theory". *Journal of planning education and research*, 1995, 14 (3): 156-162.

③ Ornish, F., Breton, N., Moreno-Tabarez, U., et al. "Participatory action research". *Nature reviews methods primers*, 2023, 3 (1), 34.

造的，空间是各种社会理想和社会建设的交汇点。他认为，人类美好的世界不能脱离美好的建筑环境，而美好的环境秩序反映了良好的社会秩序①。1999 年，吴良镛先生在国际建筑协会第 20 次世界建筑师大会上再次发出"美好的建筑环境与美好的社会同时缔造"的倡议②。

美好环境与幸福生活共同缔造（简称"共同缔造"）是以自然村为规划的基本单元，以改善群众身边、房前屋后人居环境的实事、小事为切入点，以建立和完善全覆盖的基层党组织为核心，以构建"纵向到底、横向到边、共建共治共享"的治理体系为路径，发动群众"决策共谋、发展共建、建设共管、效果共评、成果共享"（简称"五共"），建设和美乡村，凝聚社会共识，塑造共同精神的实践。

一、乡村规划的认识论和方法论

共同缔造既是认识论又是方法论，有系统的理论指导、特定的现实需求、明确的目标指向、具体的方法策略。

美好环境与幸福生活提供了共同的愿景，构成乡村规划建设过程中集体行动的基础。美好环境与幸福生活，历来是人类对于家园的向往和追求，代表了一种普遍的愿望。人类发展史实质上是人类对人居环境和幸福生活的美好愿景不断探索与实践的过程。我国深厚的人居环境思想以及蕴含其中的营建智慧，展现了先辈们对于改善居住环境的憧憬，及其在构建美好环境的理念和方法上的持续探索与努力③。这一愿景之所以能够成为共同缔造的动力，是因为它为乡村规划提供了明确的方向和目标，激发了村民的参与热情，促进了共识的形成，并强化了集体认同感。共同愿景引导集体行动，而集体行动又反过来促进共同愿景的实现，推动了乡村发展的良性循环。

对美好环境与幸福生活的追求，将个体与自然、社会、国家联系起来，形成了乡村规划上下衔接的社会基础。在我国，追求美好环境是群众的自觉行动，也是党和国家的政策主张。对幸福生活的追求，促使个体关注身边环境和生活质量。而国家层面的乡村振兴战略涵盖了对美好环境的追求。个体对美好生活的追求，与国家的发展目标相一致，增强了个体的国家认同感和公民责任感。美好环境与幸福生活共同缔造，为乡村规划建设赋予了更深刻的内涵：人与自然、社会、国家的关系将直接关乎人类的生存与发展，人与自然的和谐相处是持续推动人类进步与发展的动力，人与社会的紧密联系是实现幸福和谐生活的保证，人与国家的良性互动是将治理关系有序嵌入人们日常生活中，促进国家富强稳定和人民生活幸福相统一④。

---

① 吴良镛：《广义建筑学》，清华大学出版社 1989 年版。
② 武廷海：《吴良镛先生人居环境学术思想》，载《城市与区域规划研究》2008 年第 2 期，第 233 – 268 页。
③ 王蒙徽、李郇：《城市规划变革：美好环境与和谐社会共同缔造》，中国建筑工业出版社 2016 年版，第 129 – 130 页。
④ 王蒙徽、李郇：《城市规划变革：美好环境与和谐社会共同缔造》，中国建筑工业出版社 2016 年版，第 123 – 124 页。

美好环境是幸福生活的载体，意味着人居环境与生活质量密切关联。乡村规划通过改善人居环境，为村民提供宜居的生活空间，从而提升生活质量。这一理念不仅体现在对自然环境的保护上，还包括对乡村环境的改善，如优化交通布局、提升公共设施、房前屋后种花种菜等。这些措施直接关系到村民的幸福感和生活质量。共同缔造从人居环境建设入手，在解决美好环境具体问题的同时探索解决国家治理和社会治理中有共性的深层次问题。例如通过村民参与，共同缔造改善了村庄的道路、供水、排水系统，解决了基础设施不足的问题。在当前项目制主导的乡村建设之下，探索出成本经济且惠及面广的本地建设方案，在这个过程中形成的乡规民约，能够长期有效地推动公共建设和管理。

幸福生活是共同缔造的最终目标，而美好环境则是这一目标的具体体现。村民的幸福感和满意度是衡量规划成效的重要标准。美好环境直接影响村民的物质生活条件，如居住环境、基础设施、公共服务等，这些条件的改善有助于提升村民的生活质量。村民是共同缔造的主体，通过村民积极参与乡村建设，在满足村民需求的同时，能激发村民实现幸福生活的主人翁精神。村民的反馈是规划持续改进的动力。不断调整和优化规划，能使规划更加符合村民的需求，助其实现幸福生活。政府在共同缔造中应通过政策支持和资源再分配，推动规划的实施，让发展的成果惠及每一位村民。

二、规划的方法

共同缔造要求在乡村规划建设过程中，运用"五共"的方法——"决策共谋、发展共建、建设共管、效果共评、成果共享"，以最大限度发挥每个人的积极性、主动性、创造性。

1. 决策共谋

通过决策共谋，充分调动村民参与的积极性、主动性。以问题为导向，征集村庄发展建议。围绕问题导向的思路，通过开展入户访谈与问卷调查、设立村庄问题反馈箱等方式，了解村民对村庄发展的疑问，收集村民对村庄发展的建议。共同挖掘村庄资源，开展村庄再认识。具体包括充分挖掘村庄的农田、河流、山地等生态资源，街头巷尾、房前屋后等空间资源，文物建筑、风貌建筑等特色资源，历史文化、节庆习俗等文化资源。这些村民熟悉的资源往往是活化村庄、培育乡村特色的重要元素。

挖掘党员积极分子，发挥示范带动作用。寻找村民日常生活中熟识、信任与推荐的、德高望重的能人，或者具有专业技能、关心乡村发展、积极性高的热心村民等，培养其成为乡村规划师。组织村民到共同缔造成效显著的村庄进行实地参观与学习，开拓村民对自己所在村庄未来发展的想象。邀请专业人士、共同缔造达人等开展相关的课程培训活动，让村民充分了解什么是共同缔造、如何改善人居环境、如何发展产业等。

2. 发展共建

通过发展共建，找到村民容易参与的切入点，从房前屋后、街头巷尾、公共空间等群众身边环境做起，动员村民出钱、出物、出力、出办法，使村民的观念由"要我建"转变为"我要建"，形成一份凝聚村民共识的规划方案，并把规划方案转换为系列行动计划，有序引导村民开展共建活动。

发展共建可以从房前屋后、基础设施、产业等共建做起。以房前屋后为切入点，共建宜居环境，开展一些村民最关注、需求最迫切的环境提升项目，让他们参与，看见成效；使他们逐步理解共同缔造的内涵，营造农村美好环境与幸福生活共同缔造的良好氛围。鼓励村民出工出力共建基础设施，营造和美乡村。针对村庄的基础设施项目，探索多方资金筹措渠道；针对具体实施项目，鼓励村民积极出力参与共建美好家园活动中。成立合作社，共建村庄产业。因地制宜筹备村庄合作社，积极盘活村庄农田、集体厂房、闲置建筑等资源，打造具有市场需求的产品，提高产业效益，增加村民收入。重视企业、乡贤对村庄产业的带动作用，积极与企业、乡贤等配合，激活村庄产业活力。通过以上举措，形成产业兴旺、生态宜居、乡风文明、治理有效、生活富裕的乡村。

3. 建设共管

通过建设共管建立长效共管机制，调动村民管理的积极性，实现村庄长效管理。建立公共事物（服务）认捐、认管制度，鼓励村民个人家庭、企事业单位、社会团体等认捐、认管村庄公共设施、公共绿化、公共活动等公共事物与公共空间等，打造可持续的共同缔造模式。开展"门前三包"活动，让村民做好房前屋后美化、绿化工作，通过相互评比与监督，进一步激发村民的干劲，有助于长期保持村庄的干净、整洁、有序。拟定村庄管理准则，包括拟定村庄在资金使用、环境卫生、停车管理、自治公约等方面的准则，形成保障村民参与、相互监督与约束的共识性条例。

4. 效果共评

通过效果共评，改进农村建设和管理的途径，邀请党代表、村民代表，社会组织、辖区企业等进行评议，积极开展可激发村民自治热情的各类评选活动。首先，效果共评需要明确评选的工作方案和评议细则，包括评选流程、人居环境项目评优、院落美化评比的标准等，应明确评选时间、评选要求、评选奖励。其次，在效果共评中应展示参评的项目与活动。村庄可以通过照片展览、现场观看等方式，对房前屋后美化、阳台绿化等参评的项目与活动开展阶段性总结与回顾，并由村民或者小学生、小朋友等讲解活动的故事。再次，效果共评应保障整个村庄共同参与评选，村庄共同对开展的建设项目、文化活动等进行评议，评选村民最满意的建设项目或者活动，以树立典型。最后，效果共评要建立奖励优秀的机制，向获奖的个体、组织颁发奖励，激发村庄共同缔造的积极性。

5. 成果共享

通过成果共享，满足人民群众对美好生活的向往。成果共享的前提是村民不能随意损坏村庄公共环境、占用村庄公共空间，并且要自觉遵守村规民约、环境卫生、停车管理等准则。最终，村庄全体村民平等享有完整乡村的齐备设施与服务，平等享有村庄的各类文化活动，平等享有村庄的经济发展活力与产业收益，平等享有良好的精神风气与温馨友好的村庄氛围。

三、规划的过程

1. 规划对象：自然村

共同缔造以自然村为规划对象。自然村是在长期的历史实践中形成并稳定下来的农村人居单元，已经与农民的居住习惯、生活习惯、社交活动、生产半径等紧密融合。在人居环境科学中，社区是吴良镛先生提出的人居环境科学五大层次的重要环节，其处于建筑与城市之间，是提供基本服务、培育社会凝聚力的场所[①]。自然村是构成乡村社区最基本的细胞，作为村民生产生活的基本单元，自然村以其独有的社会性与认同感，以及在行政管理方面的基础地位，成为连接群众与政府的重要桥梁。

自然村是日常生活的单元、熟人情感的单元、经济关联的单元、流域空间的单元，也是便于服务和组织的基本单元。基于血缘与地缘而形成的自然村落，呈现出较强的关系联结与明显的地域特征，便于被有效地组织起来。在这样的共同体中，居民之间相互认同，共享集体利益和价值观[②]。这种内在的凝聚力和认同感，有效减少了组织成本。相反，如果组织单元过于庞大，成员之间缺乏互动，就难以实现有效协作。以自然村为乡村规划的基本单元，以小组长、基层党员、务工返乡群体等为龙头，将各类自治力量有效地团结起来，合力解决产业、公共服务、基础设施等方面"急难愁盼"的问题，将矛盾化解到基层，建设人人有责、人人尽责、人人享有的社会治理共同体[③]。

改革开放以来，乡村地区构建了"乡镇—行政村（村委会）—自然村（村民小组）"的治理架构。大多数地区基于原有的公社体制设立了乡镇，基于生产大队设立了村委会，基于生产小队设立了村民小组。随着公社体制的解体，基层治理一度出现"治理真空"。在这一背景下，广西宜山、罗城等地区的农民自发组织起来，管理社会秩序，这一现象引起了党中央的高度关注。2014年的中央一号文件明确指出，在农村社区建设试点单位和农村集体土地所有权归属于村民小组的地区，可以开展以社

---

① 王蒙徽、李郇、潘安：《云浮实验》，中国建筑工业出版社2012年版，第88页。
② 张东：《中原地区传统村落空间形态研究》（学位论文），华南理工大学2015年。
③ 《习近平著作选读》第一卷：《高举中国特色社会主义伟大旗帜，为全面建设社会主义现代化国家而奋斗》（2022年10月16日），人民出版社2023年版，第44－45页。

区、村民小组为基本单元的村民自治试点。将自然村作为村民自我管理和自我服务的最小单元,已成为具有广泛共识的普遍做法。自然村与行政村的三种关系见图1-5。

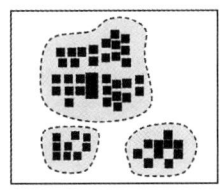 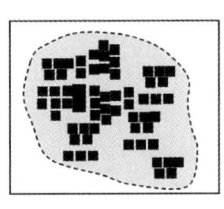 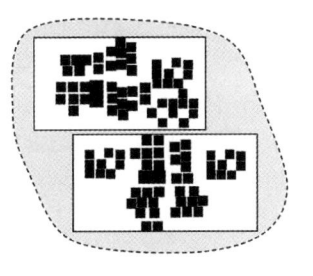

自然村规模较小、布局分散,一个行政村内有多个自然村,这种情况最为普遍。

自然村规模适中、布局集中,一个自然村就是一个行政村。

自然村规模较大、布局集中,一个自然村包括多个行政村,多见于北方平原地区。

图1-5 自然村与行政村的三种关系

2. 规划主体:村民与集体

共同缔造的规划主体是村民和集体。乡村规划建设涉及大量公共品的供给,构成一个多主体共治的空间和场域。其中,村民与集体是两类核心主体。村民作为村庄生活的主体,在适应自然的过程中,创造了具有地方特色的日常生活空间。在北方,广阔平坦的土地和整齐的农田孕育出了规模较大、房屋密集、街道整齐的聚落,这些聚落通常呈现有序排列的团聚形态,农房为了最大化日照和保暖,往往楼层较低、侧面相连,这是村民长期实践和建设的成果。而在南方,聚落与小农耕作和丘陵湖泊地形相协调,多呈自由分散的布局,在山地地区沿等高线分布,如贵州的千户苗寨。由于地形复杂,为了接近田地、山林或湖泊等生产区域,以及更有效地利用宜居土地,这些聚落的建筑布局往往显得更为紧凑。

在我国的农村集体土地所有和村民自治体系中,集体扮演着提供公共物品、管理公共事务和支持社会事务的关键角色,是乡村治理的核心力量。从规划的角度来看,人民公社的兴起始于大规模的水利建设。起初,农业合作社通过集体所有制的方式提升农业产出,为了保障丰收,必须应对各种自然灾害,因此推动了众多水利工程的兴建。在合作社时期的积极实践中,国家逐步将村庄的基础设施,如道路、桥梁,以及服务设施,如学校、诊所的建设权交给了农民,从而在1958年产生了人民公社。某种程度上,人民公社可以被视为农业合作社的广泛联盟,但拥有一个统一的领导机构,负责经济、政治、行政、教育乃至军事(民兵)等全方位的指挥和管理①。

在物资匮乏、技术落后的时期,集体成为国家调配资源的手段。在"集中力量办大事"的方针下,广泛动员了群众参与,实现了公共设施的建立,取得了如农田

---

① 华揽洪:《重建中国:城市规划三十年(1949—1979)》,生活·读书·新知三联书店2006年版,第83-90页。

水利建设等传统社会难以达成的成就。以红旗渠的建设为例,"红旗渠总干渠和三条干渠全长约168.8千米,全部沿山而建,穿越超过200米的悬崖绝壁50余处,劈开了246个山头,跨越了274条沟河。该项目共投入1922万个工时,完成了1132.6万立方米的土石方工程"①。红旗渠的建设并非单纯由上至下的行政指令,而是林县组织和动员了当地各界人民群众共同参与的结果,参与者年龄跨度从70多岁的老人到十几岁的青少年,包括学生、厂矿职工、机关干部等。依靠人民公社的强大动员能力,该工程仅用了一年时间(1965—1966年),就完成了三条干渠的建设。乡村规划主体关系见图1-6。

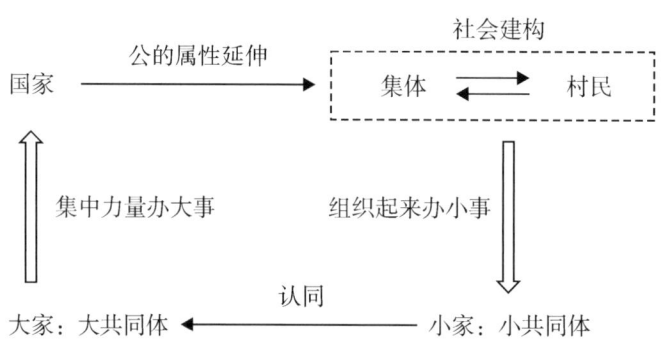

图1-6 乡村规划主体关系

集体推动了村民"组织起来办小事"——村庄公共物品的自主供应、公共事务的自治管理以及社会事务的自我支持②。公共事务涵盖了两大类:一是集体的生产、经营和管理活动,二是民间纠纷的调解等事项。在处理这些事务方面,集体拥有自主权。例如,在人民公社时期,生产队作为基本核算单位,拥有独立核算和自负盈亏的权限,负责直接组织和分配生产收益。生产队管理的土地、劳动力、资产资源,非经县人民政府批准或社员群众同意,生产大队和公社不得擅自调用。生产队长的作用类似于家长,不仅要依据上级计划指标和本队实际情况来安排农业生产,还要负责维护生产队内部的社会秩序。民事纠纷、家庭矛盾等问题也由生产队协助解决。

身为集体的一员,农民不仅维系着传统的社会联系,还一起投身于生产分配和集体的经营管理工作③。在以人民公社为象征的集体化进程中,农民们在传统的血缘和地缘认同之上,形成了一种超越个体和家庭的新型认同。集体与国家形成了结构性的一致,使现代国家的公共属性得以渗透至村庄层面。在这样的背景下,集体土地所有制下的个体,其意义远超过个别小农的范畴,背后蕴含着村庄与国家之间的深刻联系。直到2006年农业税取消之前,农民与集体、国家之间维持着紧密的联系——村、

---

① 华揽洪:《重建中国:城市规划三十年(1949—1979)》,生活・读书・新知三联书店2006年版,第83-90页。

② 王德福:《组织起来办小事——理解农村集体制的一个视角》,载《新建筑》2018年第5期,第19-22页。

③ 同上。

组两级能够向农民收取提留统筹费，用于支持村庄的公共事务，而农民在承包集体土地并承担相应义务的同时，享受着集体组织提供的各项公共服务。

3. 规划内容

共同缔造以问题为导向，针对乡村规划服务的返乡人员、留守妇女、留守儿童、留守老人等重点人群，开展村庄问题共议会，引导不同人群发现问题、提出需求，并从解决村民关心的问题着手，通过村民共同解决问题，重新凝聚邻里关系。共同缔造旨在重新发现乡村的价值，包括自然资源、人文资源、景观资源、能人资源等，将其作为鼓励村民参与、彰显和美乡村特色的切入点。其具体内容主要包括以下七个方面。

（1）愿景。达成发展共识，描绘美好愿景。村民对乡村未来发展最有发言权，但不同的村民看待乡村的角度不同、愿景不同，需要通过反复、面对面的交流，促使村民逐步达成共识。对此，应利用入户调研、讨论会和新媒介相结合的方法，通过开展一系列共同缔造规划活动，邀请多样化背景（年龄、职业等）的村民，共同参与到乡村未来发展愿景的讨论中，逐步建立发展共识。

（2）总体规划。优化功能布局，规划公共空间。总体规划是愿景在村庄空间上的具体安排。村庄功能布局和重要公共空间规划是总体规划的核心内容，旨在合理分配土地资源，优化产业结构，改善居住环境，同时确保基础设施和公共服务的完善。总体规划能够帮助村民形成对村庄未来发展的确切预期。

（3）公共服务设施与市政基础设施。完善公共服务设施，提升环境品质。通过完善党群服务中心、公园、室外活动场地、市政基础设施、慢行系统等公共服务设施与市政基础设施，构建完整的村庄生活圈。规划设计景观及功能节点，并与村民群众广泛探讨，体现村民愿景，提升人居环境品质。针对具体实施项目，鼓励村庄群众出工、出力，共建美好家园。鼓励群众美化村庄房前屋后的微空间，包括庭院、围栏、道路、花坛和绿地等。

（4）市政设施。完善基础设施，保障基本需求。乡村规划中的市政设施规划是确保村庄基础设施完善，满足居民生活和发展需求的关键环节。市政设施规划包括交通、供水、排水、供电等基础设施的布局，以及文化、教育、医疗、休闲等公共设施的规划。通过共同缔造，可以完善村庄的基础设施，在村庄内部建立协作关系；还能够链接外部资源，建立起村庄与国家的互动关系。

（5）风貌设计。提炼文化要素，提升整体风貌。以村小组或自然村为范围，制订风貌提升方案。一是根据农房不同的建设年代与现状农房立面情况，提出农房立面微改造方案；二是在公共空间、道路、房前屋后节点等重点空间进行环境设计，提升公共空间品质，彰显文化底蕴。风貌提升方案需要与当地群众进行广泛商讨，倡导共谋、共建、共管。

（6）行动计划。商定行动计划，共建美好家园。针对共同讨论发现的村庄发展问题，例如设施短板、环境不佳、村庄认同感不强等问题，组织村民共同商讨实现村庄发展愿景的近远期计划，并落实到具体空间，通过空间改善，带动公众参与，提高村民对村庄的认同感、归属感。大致明确每个目标的行动计划和时序，形成对村庄未来发展的合理预期。

（7）制度建设。探索共治模式，培养村庄规划师。在村"两委"（村党支部委员会和村民委员会）的发动、组织下，由村小组、村民理事会、监事会等群众组织和村民共同商讨形成乡规民约。通过下沉党群组织到村庄、引入不同兴趣与专业的社会组织等，重新凝聚分散的村民个体，让每个村民都能在各类组织中找到归属感，实现横向到边。同时，积极寻找和培养村庄能人，组织带动村民参与共同缔造行动。

四、规划师的角色转变

共同缔造要求规划师转变角色，从编制者转变为学习者、组织者、宣传者、沟通者、引导者、规划者。通过多方交流讨论与主题活动开展，搭建政府与群众、社会组织的互动平台，调动群众参与的积极性，促成多方共识与合作。依托空间改造与建设，构建社会资本，形成共治的良好基础。依托机制体制建设，巩固建设成效，形成共同缔造的持续动力。

1. 学习者——广泛学习，增强实践能力

在乡村规划的过程中，规划师需要放下专业或工作角色所赋予的架子，以群众为师，认真对待每一个项目与议题，并在过程中精进改造空间所需的实践能力。与此同时，为推动乡村规划的工作，规划师需要学习书画技术等规划技能以外的专业技巧。因此，乡村规划的过程也是规划师不断自我提升的学习过程。

2. 组织者——拟订分期计划和制定措施，推进规划过程

作为具备组织规划行动技能的专业人士，规划师需要在对村庄进行充分调研的基础上，根据对村庄现状的分析与判断，梳理规划主要解决的问题、主要涉及的主体、需要举办的活动及相应的时序，拟订村庄发展的分期计划，确保各项规划建设活动顺利推进，并在此基础上，依照计划内容，与政府一起组织开展相关活动。

3. 宣传者——图文并茂，解说美好家园

作为乡村规划相关计划的拟订者，规划师承担着向村民解说乡村规划各项内容的责任。在共同缔造的过程中，乡村规划师扮演着宣传者的角色，其应用图文并茂的表达方式，向村民介绍规划与行动计划的内容，呼吁村民运用"五共"的工作方法开展村庄规划、建设和管理。

4. 沟通者——收集意见，促成多方交流

在共同缔造过程中，规划师往往扮演着上传下达的沟通者角色。规划师应创造政府与群众在同一平台上平等对话的氛围；对政府与群众在特定议题上的观点进行总结，帮助双方更好地理解彼此的想法与意图；当双方意见相左时，从专业的角度予以

评价、分析，帮助达成更为科学合理的共识，促成多方之间顺畅的交流。

5. 引导者——传授技能，提供专业支持

在共同缔造的过程中，规划师作为具备规划知识与技能的专业人才，在以群众为师不断学习的同时，亦可作为群众之师。通过课程培训与特定的建设实践，规划师可以向村民传授乡村规划与建设的相关技能，使其具备乡村规划师的基本素养。并在具体的建设实践过程中，针对乡村建设的具体事项，为村民、村干部、基层工作人员提供专业支持，引导建设项目向合理的方向发展。

6. 规划者——总结成果，促进学科发展

规划师运用专业知识，针对特定问题，融合多方意见，制订拥有扎实理论与实践基础的规划方案；针对方案的实施，拟订行之有效的行动计划；总结规划成果与实践经验，将其上升为具有借鉴意义的研究内容，促进规划学科的发展等，是规划师在共同缔造过程中不可忽视的本职。

高校承担着培养专业人才、开展科学研究以及服务社会三种职能。近年来，高校发挥高等教育和人才培养作用、解决社会问题的"第三种职能"越来越受到关注。2024年中央一号文件提出要"壮大乡村人才队伍"，鼓励科研院所、高校专家服务农业农村。城乡规划专业作为一门应用性学科，其教育一直强调实践性，以服务国家和社会经济发展的战略需求和价值追求为导向。高校通过介入乡村规划建设，能够将学术研究与实践相结合，将科研成果转化为社会发展的动力，从而提升高校的社会服务能力并为社会发展提供智力、人力支持。

高校介入是共同缔造的一种主要方式。在共同缔造过程中，城乡规划专业的学生和教师能够将专业知识与实际问题相结合，为乡村规划提供科学合理的解决方案。此外，城乡规划专业的跨学科性使其能够整合多领域的知识，为乡村发展提供更全面的支持。由硕士、博士研究生组成的高校团队，可以与村民和基层干部共同组建共同缔造工作坊。运用"共同缔造"的理念和方法，从村民关心的小事实事、日常生活空间切入，在党建引领下充分组织和动员群众共同建设美好家园。在共建过程中，青年学生可以与农民同吃、同住、同劳动，通过实践学习、主动学习（如向农民学习）提升自身本领，这是一种以服务社区为导向的乡村建设人才培养模式。

第五节　课程设计说明

一、课程性质与教学目的

《乡村规划》课程是城乡规划专业的核心课程之一，面向本科生和研究生。该课程既是专业必修课，也是应用型课程，课程设计以实践和理论教学相结合为主，通过在湖北省黄冈市黄梅县渡河村的野外实践教学，培养学生服务于国家乡村振兴战略的综合规划能力。课程内容不仅涉及专业技能的培养，还包括社会责任感和创新能力的培育，使学生能够应对复杂的现实问题，制订可行的解决方案。

课程的主要目的在于通过理论学习与实践活动，推动学生提高对乡村规划的认知并加以应用，培养其成为兼具专业技能和社会责任感的乡村规划师。具体包括以下五个方面。

（1）理论与实践结合。课程教学过程安排了充分的理论学习与实践活动，学生能够了解乡村规划的实际需求和挑战。理论学习部分涵盖乡村振兴政策、土地利用计划、环境保护法规和社会经济发展等。

（2）实地调研的能力。组织学生到具体的乡村进行实地调研，让学生亲身体验和了解乡村的自然环境、社会结构、文化特点及经济条件。

（3）规划设计的能力。指导学生根据实地调研结果制订具体的乡村发展规划方案。课程教学特别强调设计方案的可实施性，包括如何优化村庄的空间布局、改善基础设施、促进经济发展以及提升生态环境等。

（4）社会责任与伦理认知。课程通过情景式教学和案例分析，引导学生在乡村规划中把伦理和社会责任上的要求纳入考虑，如尊重当地文化、促进村民参与和确保可持续发展。

（5）综合素质培养。除了专业技能的培训，课程旨在培养学生的领导力、团队协作能力和创新思维。通过与村民、政府和调研团队的其他成员进行交流合作，学生可以学习如何在多元利益相关者中协调和推进项目。

二、教学任务

1. 理论学习

（1）规划基础理论。涉及乡村社会经济发展、社区规划理论、土地资源管理等方面的基础知识。

（2）可持续发展。教会学生如何在乡村规划中整合可持续发展的原则，确保经济发展与环境保护之间的平衡。

（3）政策和法规教育。学生将学习关于乡村振兴的国家政策、土地使用法规、环境保护条例等，理解在乡村规划过程中必须遵守的法律框架。

2. 实地调研

（1）调研方法培训。培训学生使用常用的调研工具与调研方法，如地理信息系统、问卷调查、面对面访谈等。

（2）现场勘查。组织学生到指定的乡村进行实地考察，了解村庄的地形地貌、自然资源、基础设施状况以及社会文化特点。

（3）社区参与。指导学生如何与当地村民和村干部、小组长、村民等进行互动，获取关于村庄需求和发展愿景的一手资料。

3. 规划设计

（1）功能区划分。学生需要设计村庄的功能分区，合理安排居住区、农业区、商业区和休闲区。

（2）基础设施优化。基于调研数据，学生将提出改善村庄基础设施的方案，如道路、供水、排污系统等。

（3）公共空间设计。重点设计村庄的公共空间，如公园、学校、医疗点和文化设施，提升村民的生活质量。

4. 实践操作

（1）实施规划方案。学生将参与规划方案具体化为实际项目的过程，包括施工监督、资源调配和项目管理。

（2）沟通协调训练。通过与多方利益相关者合作，包括政府部门、村委会和村民，学生将学习如何有效地沟通和协调各方利益，以顺利推进项目实施。

（3）监测与评估。学生将参与项目后期的效果评估，学习如何根据反馈调整和优化规划方案。

5. 综合能力提升

（1）报告撰写与汇报。学生需要将调研结果和规划设计方案以书面报告和口头汇报的形式呈现，可以锻炼逻辑思维和表达能力。

（2）团队协作。鼓励学生在小组项目中发挥团队精神，提升合作解决问题的能力。

三、实习场地

五祖镇渡河村位于湖北省黄冈市黄梅县北部，全村版图面积为 3.56 平方公里（5340 亩），耕地面积 1546.8 亩，山林面积 2320 亩，果树种植地 206 亩，花卉、苗木基地 196 亩（见图 1-7）。渡河村因禅宗五祖弘忍在村头河边送六祖惠能坐船渡河时的禅语"迷时师度，悟了自度"而得名。全村现有村"两委"干部 4 人，村支部下辖 3 个党小组，党员 57 名，共青团员 26 人。全村辖 7 个村民小组，落户 440 户，户籍人口 1654 人，居住人口 2036 人，常年在家 1330 人，是典型的山区农业村。

四、教学进度

通过分阶段的教学实践，推动学生学习乡村规划理念并应用到实际，具体包括以下四个阶段。

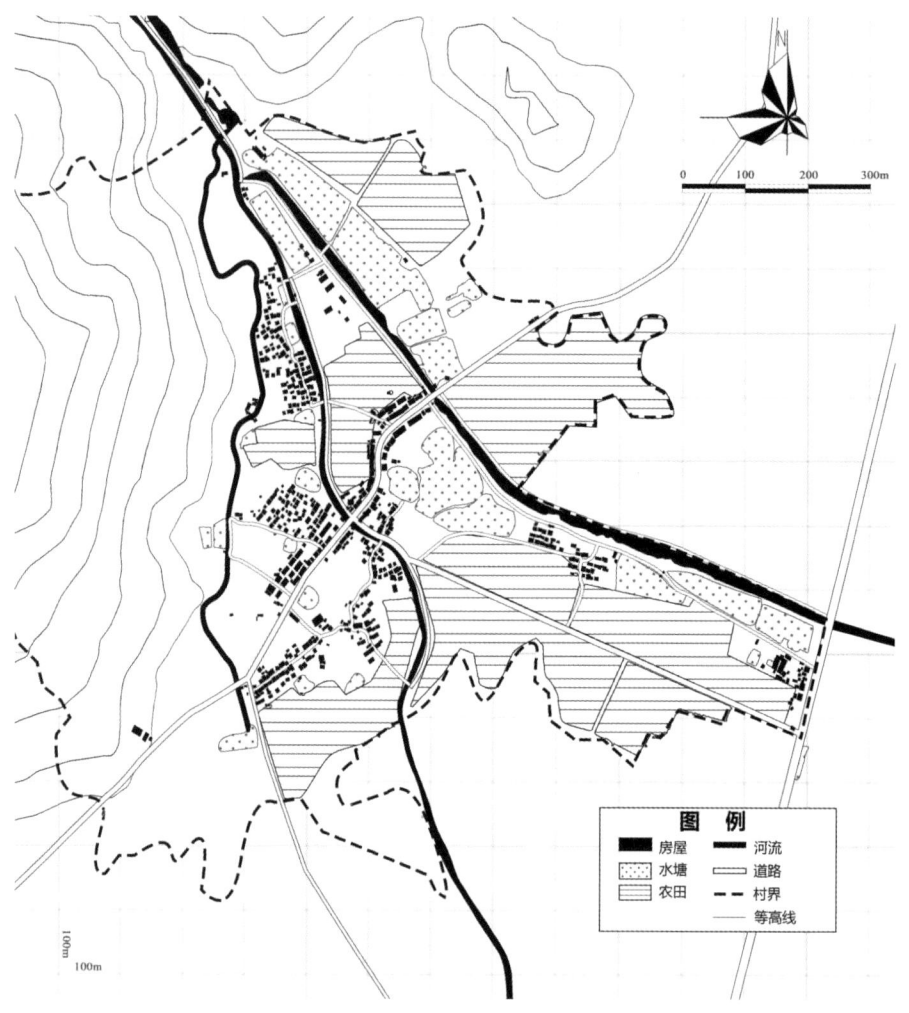

图1-7 渡河村村域图

1. 第一阶段（2周）

课程第一阶段的目标是让学生团队与渡河村的村民建立联系，了解他们的生活状况和面临的挑战。这一阶段的主要任务是通过详细的社区调研和村民互动活动，深入了解村庄的社会、经济和文化背景，同时培养学生的实地调研能力和交流技巧。

在第一周，学生们需要了解课程的总体目标和具体方法，理解共同缔造理念的内涵。在此期间，学生们进入渡河村，首次与县镇村干部交流，获取关于村庄基础设施、社会结构和经济活动的初步信息。

在第二周，学生们将展开更系统的调研，通过入户访谈和组织重点人群座谈会，详细收集村民的生产生活状况、用地情况和房屋现状等数据。为了更好地融入社区并了解村民的真实需求和期望，团队还组织了一系列的社区活动，如儿童绘画和无人机教学。这些活动不仅能提供与村民互动的平台，也能让学生能够在轻松的氛围中进一步收集村民的意见和建议。

通过这一阶段的实践,学生们不仅能提升自己的实地调研和社区交流能力,还学会了如何在尊重和理解村民文化的基础上进行有效沟通。由此,学生们对当下乡村面临的挑战和发展机遇也有了更深入的理解。

2. 第二阶段(3 周)

课程的第二阶段,重点转向信任建立与方案制订,这一阶段旨在加强学生的规划设计能力,并培养其在实际环境中解决问题的能力。学生们需要利用第一阶段收集的信息,与社区成员共同制订改善村庄环境和生活质量的行动计划。

在第三周,学生们开始与村民就前期调研中确定的关键问题进行深入交流和讨论。这一周的活动设计旨在通过开放的对话和研讨会,使学生能够理解并整合村民的期望和需求,这是方案成功实施的关键。在这个过程中,学生们将学习如何将理论知识转化为实践操作。

在第四周,学生团队将着手设计和调整村庄发展的具体规划方案。利用从村民和专家处获得的反馈,学生们需要修改和完善初步设计。核心是制订一个既符合技术标准,又能获得社区广泛支持的规划方案。此外,学生将参与制作模型和视觉呈现材料,这些材料将用于与村民进行互动讨论,帮助村民更好地理解规划方案内容和预期效果。

在第五周,学生们需要将具体的设计方案呈现给村民们,并进行进一步的沟通交流。这一周的重点是增进相关方,尤其是村民们对初步方案的理解,并综合意见制订执行方案。此阶段结束时,学生们应该能够制订一个具体的行动计划,包括预算、时间表和执行细节,为下一阶段的实施做好准备。

通过第二阶段的活动,学生不仅能够在实际场景中应用乡村规划和社区发展的理论知识,还能够学习如何进行有效的社区沟通和参与。此外,学生们将获得宝贵的经验,了解如何在多元利益的环境中推动和实施复杂的项目。

3. 第三阶段(3 周)

课程的第三阶段,重点在于机制体制建立。学生团队需要基于前两个阶段收集的信息和制订的方案,开始实施部分项目,同时,初步建立起推动社区内生发展的机制体制。这个阶段的目标是通过实际的建设和制度试行,使学生掌握如何有效推进乡村项目实施,以及如何在乡村社区中建立和完善可持续的管理机制。

在第六周,学生们首先需要开始实施部分项目,例如便民桥的修缮和村内公共空间的改善。学生们将在这个过程中直接参与施工组织、材料调配、人员安排等工作,进一步理解规划设计如何在现实中付诸实施。在便民桥修缮项目中,学生团队需要与村民紧密合作,采用"投工投劳、政府以奖代补"等创新的制度方案。这个过程中,学生们需要灵活应对现场出现的各种问题,并根据情况调整执行计划。

在第七周,学生团队将继续推进项目实施,并开始建立一些基础性的村庄管理机制。例如,在村内推进"村规民约"的制定,通过组织村民讨论达成共识,明确村庄在公共设施维护、资源管理、环境保护等方面的行为准则。学生们将协助村民组织这些讨论会，帮助他们理解和表达各自的需求和建议。

在第八周，学生们将对本阶段进行总结与评估，包括对实施中的项目进行初步评估，收集村民、村干部和政府主体的反馈，并对出现的问题进行记录和改进。学生们将对建立的机制进行检验，了解其在试行过程中存在的不足与改进空间。

通过第三阶段的学习和实践，学生团队获得了宝贵的项目实施和管理经验，掌握了从规划到执行的全过程。这一过程使他们更加全面地理解如何通过机制建设，激发和维持村庄的发展动力。学生们在现实情境中学会如何应对不确定性，以及如何在有限资源和复杂环境下推进项目。

4. 第四阶段（4周）

课程的第四阶段，重点转向项目实施与评估，这是一个对所有前期工作进行整合，并使方案最终落实的阶段。这一阶段的目标是让学生在实践中推动渡河村的具体项目实施，同时开展项目效果评估与总结。

在第九周至第十周，学生团队集中力量推动村庄规划方案的实施，例如村内各类公共设施的改造和公共空间的建设。在这一过程中，学生们负责组织施工队伍、与当地工匠沟通。同时，学生们继续推进以"儿童友好"为主题的社区活动，通过为儿童设计游乐区域、绘制斑马线等措施，提升村庄的公共设施和人居环境质量。在项目实施的过程中，学生们学会如何应对施工中的实际挑战，例如资源短缺、天气变化等。

在第十一周，学生们着重进行项目效果的评估与总结。项目评估是这一阶段的核心内容，学生团队需要对已完成的项目进行现场检查，并与村民进行访谈，收集他们对项目效果的反馈。通过这些访谈，学生团队可以了解村民对改造效果的满意度，识别可能需要进一步改进的方面，例如便民桥的使用情况、公共空间改造是否满足村民日常生活的需要等。学生们还将评估项目的社会影响，例如村民参与度的提高，村民凝聚力的增强，以及村庄整体环境的改善等。

在第十二周，课程进入最终的总结与反思阶段。学生团队需要撰写详细的项目总结报告，记录在整个规划和实施过程中的经验、挑战和收获。在这一过程中，学生们将对整个项目的流程进行系统的回顾，分析在每一个阶段中遇到的主要问题和采取的解决措施，并反思整个项目中哪些方面可以进一步优化。同时，学生们需要进行成果展示，向村民和其他利益相关者呈现项目的具体成果，并解答他们的疑问。这种展示活动既是对村民的答复和反馈，也是对学生口头表达能力和公众沟通能力的培训。

通过第四阶段的系统实施与评估，学生们能够将前期的规划设计付诸实践，并学习如何通过持续评估来保证项目的可持续性。这一阶段结束后，学生们不仅对乡村规划和建设的各个环节有了更深的理解、积累了实践经验，同时提高了他们在规划项目中的执行、评估、总结及反思能力。

参考文献

[1] 吴良镛. 人居环境科学导论[M]. 北京：中国建筑工业出版社，2001.

[2] 吴良镛. 中国人居史[M]. 北京：中国建筑工业出版社，2014.

[3] 王蒙徽，李郇. 城乡规划变革：美好环境与和谐社会共同缔造[M]. 北京：中国建筑工业出版社，2016.

[4] 李郇，刘敏，黄耀福. 共同缔造工作坊——社区参与规划与美好环境建设的实践[M]. 北京：科学出版社，2018.

[5] 李京生. 乡村规划原理[M]. 北京：中国建筑工业出版社，2018.

[6] 费孝通. 乡土中国[M]. 北京：人民出版社，2008.

[7] 周其仁. 城乡中国[M]. 北京：中信出版社，2017.

[8]（英）盖伦特，（英）云蒂，（英）基德，等. 乡村规划导论[M]. 北京：中国建筑工业出版社，2015.

[9]（英）麦克哈格. 设计结合自然[M]. 黄经纬，译. 天津：天津大学出版社，2006.

[10]（美）索尔贝克. 乡村设计：一门新兴的设计学科[M]. 奚雪松，黄仕伟，汤敏，译. 北京：电子工业出版社，2017.

第二章

实践过程

本章介绍高校团队在渡河村开展的乡村规划实践活动。团队采用"六步工作法",通过筹建工作坊、问题识别、方案共谋、行动实施和制度保障等步骤推动乡村振兴。本章重点阐述了如何建立信任、识别问题、形成发展愿景、共建行动计划以及巩固实践成效,强调了村民参与和多方协作的重要性。

继《2030 年可持续发展议程》公布以来，联合国环境规划署发布了《可持续城市与社区指南》，为城乡社区的可持续发展提供了一个可参考的操作体系。该体系包括五个环节：了解发展背景、确立发展目标、制订实施方案、实施过程监控、传承经验与知识。借鉴联合国的体系框架，中山大学中国区域协调发展与乡村建设研究院（以下简称"中大研究院"）的学生团队把规划视为一种实践与治理过程，在湖北省黄冈市黄梅县渡河村开展驻村服务，筹建共同缔造工作坊，搭建村民、村干部、政府、市场和规划师等多方主体交流的平台。通过共同缔造的实践活动和工作方法，实现了乡村振兴自上而下的政府资源配置和自下而上的公众参与的有机结合，也提供了一种以服务为导向的乡村建设人才培养的新模式。

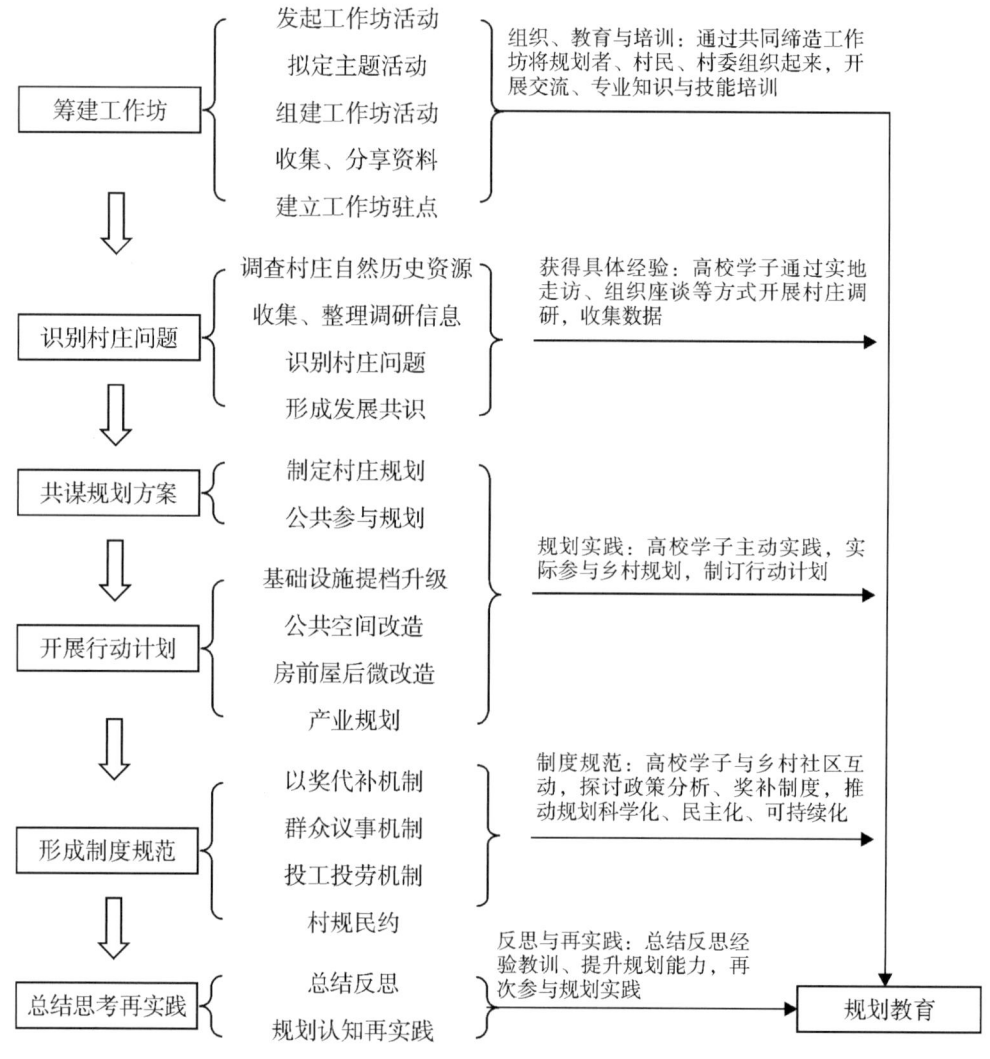

图 2-1　规划教育流程

高校介入共同缔造的工作过程可以总结为"六步工作法"（见图2-1）：第一步，组织先行，筹建共同缔造工作坊。第二步，问题识别，开展历史研究和现状调研，了解发展背景和条件。第三步，方案共谋，形成未来发展愿景，初步达成共识。第四步，制订行动计划，采取行动措施，在共建过程中强化共识。第五步，制度保障，借助各种正式或非正式的制度工具，巩固实践成效，建立长效机制。第六步，反思与再实践，在实践过程中总结经验、抽象理论，并再次回到实践中去。实践、认识、再实践、再认识，"六步工作法"体现了辩证唯物法的实践观。它要求未来的规划师们不仅要掌握理论知识，更要深入实际，保持对新理论、新技术、新方法的敏感性，通过持续学习来适应不断变化的实践需求。

第一节　筹建共同缔造工作坊

2021年，湖北省委办公厅下发《关于美好环境与幸福生活共同缔造活动试点工作的通知》。2023年9月，黄梅县入选湖北省共同缔造试点，旨在探索高质量发展的新时代下共同缔造深化、引领基层治理体制机制创新的可行路径，建立决策共谋、发展共建、建设共管、效果共评、成果共享的方法和机制，培养一批掌握共同缔造理念和方法的骨干人才，形成一批可复制可推广的经验，推动"共同缔造"活动在全省广泛开展，不断取得实效。

试点主题由"美好环境与幸福生活共同缔造"转变为"深化共同缔造推进党建引领基层治理体制机制创新"，这标志着共同缔造由开展人居环境建设活动向完善体制机制拓展，要求黄梅县以增强体系功能为重点，健全基层治理单元；以建强动力主轴为重点，健全党的领导和政府服务"纵向到底"的体制机制；以织密组织网络为重点，健全联系和服务群众"横向到边"的体制机制；以做实"五共"机制为重点，健全多元主体"共建共治共享"的体制机制。

黄梅县五祖镇渡河村作为试点之一，持续探索高质量发展的新时代下共同缔造深化、引领基层治理体制机制创新的可行路径。研究院受湖北省委省政府、黄冈市委市政府、黄梅县委县政府邀请，于2023年10月进入渡河村开展参与式规划服务。以硕士、博士研究生为主的高校团队与村民、基层干部组建共同缔造工作坊，运用"共同缔造"的理念和方法，从村民关心的小事实事、日常生活空间切入，在党建引领下组织动员群众共同建设美好家园。截至2023年11月，已开展9次驻村工作，近40人次（师生）参与，开展群众座谈10余次，入户访谈50余人次，前后持续近两个月。

农村是一个熟人社会。筹建工作坊，最难的是要建立起与群众的信任关系。在农村开展群众工作，仅依靠常规治理惯用的开会、走访活动是远远不够的。要与村民交朋友，向村民学习，与村民"坐在一条板凳上"，这是毛泽东在才溪乡调查中采取的基层工作法①。学生们主要的时间和精力，要放在与群众面对面的直接交流上，走村入户，看到他们最真实的生活环境。这是理解群众细小琐碎且千差万别的需求的起点，也是找到解决问题的核心与焦点。具体而言，工作坊成员运用基层工作法，通过三种方式拉近与群众的距离。

一、拉家常

"拉家常"作为一种深入村民日常生活的交流方式，能够迅速缩短学生们与村民之间的距离（见图2-2）。学生们在村妇女主任李主任的带领下，加入了广场舞的行列。利用晚饭后休闲活动的时机，学生们坐在村部广场上，与村里的妇女们闲话家常。就在这样的日常对话中，学生们接触到了不同的村民：有坚守家园、照顾家庭的婆婆，有回到家乡仍在寻找就业机会的年轻母亲，还有肩负四个孩子教育重任的陪读主妇。这些交流不仅增进了学生们对村庄的了解，也让他们了解了村民们的日常生活和心声。

图2-2　师生团队与村民

二、办活动

为了更好地倾听妇女和儿童的声音，学生们与基层干部携手策划了一系列活动，

---

① 基层工作法：毛泽东同志在才溪乡开展调查的工作方法。毛泽东同志抵达才溪乡后，便入住老乡家中，与老乡同甘共苦，打地铺、帮忙打扫卫生、挑水、劈柴。在调查会议结束后，他还与老乡们一起前往红军公田劳作，亲自了解地瓜等的种植情况。在与群众同吃、同住、同劳动的十多天里，毛泽东同志深入细致地掌握了具体情况，为解决老百姓的实际困难提供了帮助。这种深入群众、贴近生活的调研方式，充分体现了党的群众路线的精髓。

包括"我的家园我来画"儿童绘画活动和"渡河笑脸"儿童摄影教学等（见图2-3）。活动通过为妇女和儿童拍照、制作笑脸墙，引导她们发现家乡的魅力，思考村庄存在的问题，并鼓励她们表达自己的看法。这些活动不仅取得了显著成效，也为村庄的发展注入了新的活力。

图2-3 渡河村共同缔造主题活动

三、入户宣传

学生们采用了村民喜闻乐见的形式，如发放宣传单、悬挂横幅、举办小讲座等（见图2-4），宣讲共同缔造的理念。在村头巷尾，学生们耐心地向村民们解释这一概念。村民们有时候会好奇地围过来问："做么子（做什么）？""共同缔造是么子（是什么）？"

图2-4 宣讲共同缔造理念、发放宣传单

面对这些疑问,学生们知道,长篇大论的讲解并不容易被村民们记住。随着工作的开展,村民们对"共同缔造"这个词汇有了一些模糊的认识。他们开始意识到:共同缔造,就是大家一起商量,一起动手解决问题。这种简单的理解,虽然不够全面,但也让村民们有了参与感和归属感。

第二节　问题识别,了解发展现状

一、区位交通分析

区位交通分析有助于学生深刻理解村庄的自然资源条件、社会经济状况以及发展潜力。其要点包括:首先,全面考察村庄的地理位置、交通条件等基础条件,分析其对本村发展的影响;其次,结合区域发展战略,评估本村在区域发展中的地位和作用。

渡河村所在的黄梅县,北靠大别山;南部隔江为幕阜山系,处于长江、鄱阳湖、华阳河三大流域交汇之地。从地理单元上看,是江汉平原向东开放的门户,是江汉平原与安庆平原连接的关口,也是联通长江中下游的关隘。长江千万年来的冲刷形成的条带状沿江平原,使不论是沿江而上西进江汉平原,抑或是顺江而下东出长三角地区,陆路交通都非常便利。

自古以来,黄梅县地当孔道,往来络绎。北走京华,南驰百粤,跨吴会于下游,联豫皖以接轸,舟车辐辏①。今所在位置,距省会武汉170公里,距黄冈市区110公里,距安徽安庆市区120公里,距江西九江市区40公里;渡河村隶属黄梅县五祖镇,位于北部山区多云山南麓,距离五祖镇镇区约3公里,距黄梅县城7公里,与国家4A级旅游景区五祖寺毗邻,文化底蕴深厚。

二、山水格局研究

山水格局承载着先民对自然地理环境的特有认识和利用方式,积淀了人居环境营造的经验。其研究要点包括:深入研究所在地的山川形胜、水系分布等自然要素,分析山水格局的基本特征;考察农村山水格局与当地历史文化、民俗传统的关系,挖掘其蕴含的文化价值;评估山水格局对农村生态环境和农业生产的影响,探讨如何合理利用和保护这些自然资源。

黄梅县旁两山屹立,南侧是江西的庐山,庐山北濒长江,东接鄱阳湖,南靠南昌滕王阁,西邻京九铁路,耸峙于长江中下游平原与鄱阳湖畔。北侧是蕲春的云丹山,为大别山东南第一高峰。山顶有一古石碑刻"云丹山",海拔1224米。地形复杂,

---

① 〔清〕覃瀚元、袁瓒、宛名昌:《光绪版黄梅县志》,武汉大学出版社2021年版。

地貌神奇，层峦叠嶂，深涧含幽，云奇石异，险绝突兀，形成 30 多处各具特色的自然景观。

县域内有着丰富的自然资源——北部的大别山系，南部的长江、鄱阳湖，中部的龙感湖，是黄梅自隋唐发展至今的"无尽藏也"。南部的临江平原深受流水作用影响，形成了土层深厚的堆积平原，孕育了灿烂的农耕文明，现今仍是湖北省重要的农作物产区，主要种植水稻、棉花、油菜等。

灵山秀水之间积累了深厚的文化底蕴，成就了佛教禅宗圣地。黄梅县在禅宗历史上的地位非常独特，中国六座禅宗祖庭黄梅独占两座，从黄梅走出了四祖道信、五祖弘忍、六祖惠能三位禅宗祖师。中国佛教协会首任会长赵朴初曾说："中国的禅宗无不出自黄梅。"作为连接四祖与五祖两大法脉的核心，渡河村曾发生"迷时师度，悟时自度"的公案。

三、历史地理研究

历史地理研究有助于挖掘农村地区的历史文脉。要点包括：系统搜集和整理农村的历史文献、地图、遗址等资料，梳理农村发展的历史脉络；分析农村地理环境的历史变迁，探讨自然和人文因素对农村发展的影响；关注农村社会结构、经济活动、文化传统的历史演变，揭示农村的发展特色和优势。

1. 长流河边：古渡口的村落起源

渡河村位于黄梅县北部，是山地丘陵与平原的过渡地带。1956 年以前，由于地质构造演变和降水的影响，渡河村形成了山间的一个积水湖——垅坪湖。垅坪湖的水会顺着山口往南流出，特别在汛期，水沿着换刀岭和东坪山间的小路涌出来，形成了一个扇形冲积平原，并逐渐演化出长流河和时令河。这时的农村聚落主要建在河扇周围的山麓地带，这样可以减少洪水对村庄的侵袭影响。也有一些村庄建在下游地势较高的地方。当时的长流河很宽，村民需要坐船进出村庄，该村因此得名渡河村，而进村的渡口一直被人们称为古渡口。

2. 兴修水利：聚落生产环境改善

1953 年以后，随着三大改造的基本完成，国家力量进入乡村指导农业建设，组织农户大兴水利设施，防洪蓄水灌溉农田。1956—1958 年间，垅坪水库与垅坪干渠相继修建完毕，区域内长流河流水量与时令河数量逐渐减少，河流漫滩逐渐退化，并被改造为耕地良田，居民点也由此不断扩张。

灌溉渠的建设方便了渡河村民的生产生活，进一步发挥了渡河村水资源丰富的优势。渡河村的灌溉渠可以概括为"两条主渠，一条次渠，若干小渠"，三条主要的灌溉渠支撑了村落的发展格局，将渡河村的生态空间、生产空间和生活空间融为一体。两条主渠指的是垅坪干渠与垅坪渠，垅坪干渠位于村中部，20 世纪 50 年代左右修建完成，惠及沿线村民的灌溉与生活用水；垅坪渠位于村东部，1982 年左右修建完成，主要用作分洪，以及渡河村外其他村落的灌溉（基本不惠及渡河村的灌溉）。一条次渠指的是西北边的高干渠，是村民在集体时期投工投劳建设而成，灌溉主要惠及北边、西边的农田和果树；但一年枯水时候比较多，每年9月到次年3月是枯水状态。若干小渠指的是从大渠里面连通复合的网状小渠，其可将水输送至各个农田。

由于单一的水库与干渠不足以完全调节汛期河流的泛滥，且人口增长促使农业生产规模扩大，使得水利灌溉设施的需求量也相应增加。当地政府于1982年左右组织农户修建了垅坪渠，进一步分流洪峰，并为更南部的农村和城市提供生产生活用水。而后，区域内径流的调配完全得到控制，农村定居点的数量和规模进一步扩张。20世纪80年代，随着村主干道横山公路的建成，新的农村聚落开始沿交通干线布局生长。

3. "宅在塘边、塘在村中"的宜居格局

目前，渡河村形成了7个村小组的人居格局。村小组大多围绕当家塘进行民房选址建设，形成"宅在塘边、塘在村中"的格局。每个村小组都有自己的当家塘，基本每个村小组的村民都能讲述其与当家塘的故事。当家塘不仅是村内重要的景观节点，也承载了组内村民的记忆。

四、现状资源梳理

现状资源梳理要点包括：系统盘点农村的土地资源、水资源、生物资源等自然资源的分布与利用情况，明确农村的资源优势；关注农村的历史文化资源，挖掘其潜在的社会与经济价值；梳理农村的农房资源、基础设施、公共服务等社会资源，分析未来发展的支撑条件。

1. 自然资源

渡河村拥有较好的山林水土资源（见图2-5）。在总体农业用地资源上，渡河村村域面积3.56平方公里，山林面积2320亩，特色水果、花卉种植区206亩，苗木花卉基地196亩，耕地面积1546.8亩。多云山以承担生态涵养功能的保护林为主，有野生松树、柏树。村内有多棵大樟树，是纳凉、聊天的好去处。

村内有两条主渠（垅坪干渠、垅坪渠），承载着沿线村民的灌溉与生活用水、分洪功能。此外，还有一条次渠（高干渠），灌溉主要惠及北边、西边的农田和果树，以及若干引水入田的小渠。三条主要的灌溉渠自北向南穿村而过，将7个村小组串联起来。池塘包括村小组内部当家塘与靠近农田的灌溉塘。各村小组的村民围绕当家塘建房，当家塘也成为各个村小组的风水塘。

2. 历史文化资源

渡口、老街、古窑是渡河村具有历史文化价值的资源（见图2-6）。自聚落形成之初，渡河村就与水有着不解之缘。著名禅宗公案"迷时师度，悟时自度"便发生

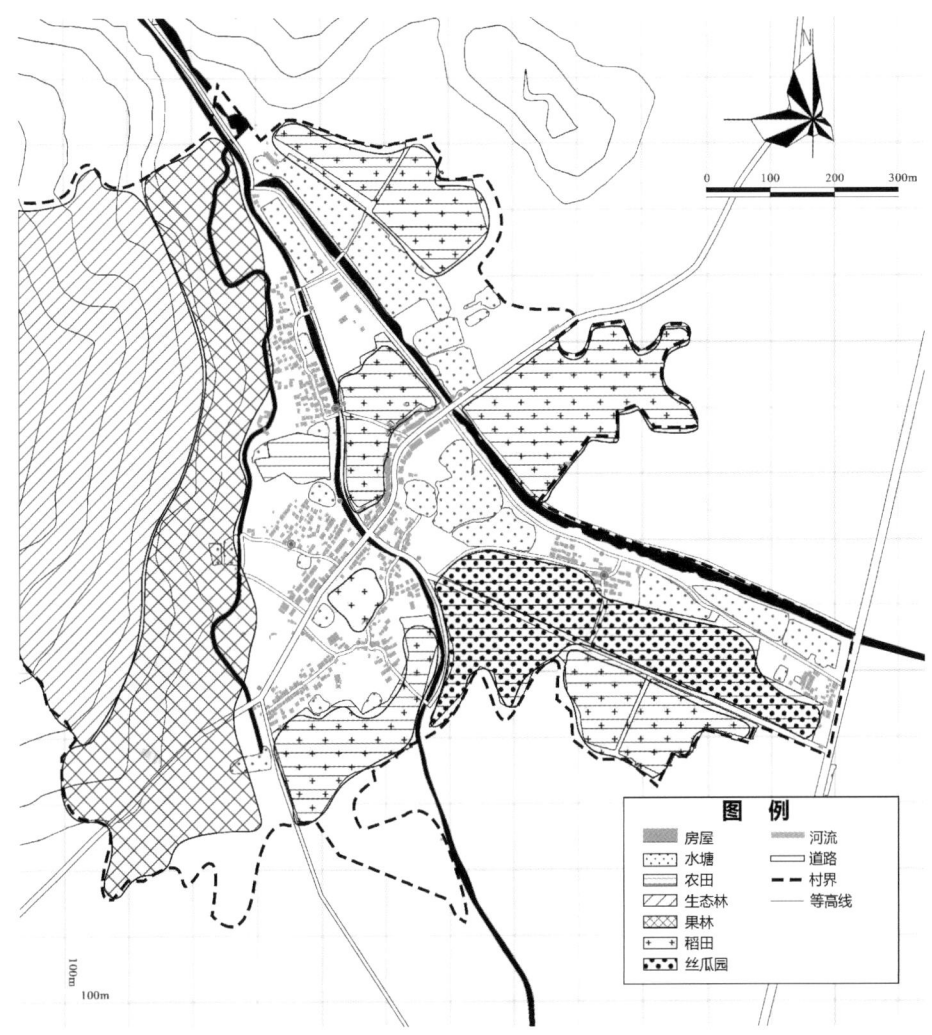

图 2-5 自然资源现状图

于此地。渡河村地处黄梅县北部山区多云山南麓，距村 4 公里处是佛教圣地五祖寺。多云山属大别山余脉，是菩提流支圆寂之地，禅宗僧侣常在此修行。村内有圆福寺、广福寺等多座寺庙。渡河老街始建于民国时期，曾是商贸繁荣的证据。黄梅陶艺历史悠久，改革开放前，村民普遍掌握陶器烧制技艺，至今村中仍保留有古窑。此外，村内还有财神庙、宗祠等历史遗址。

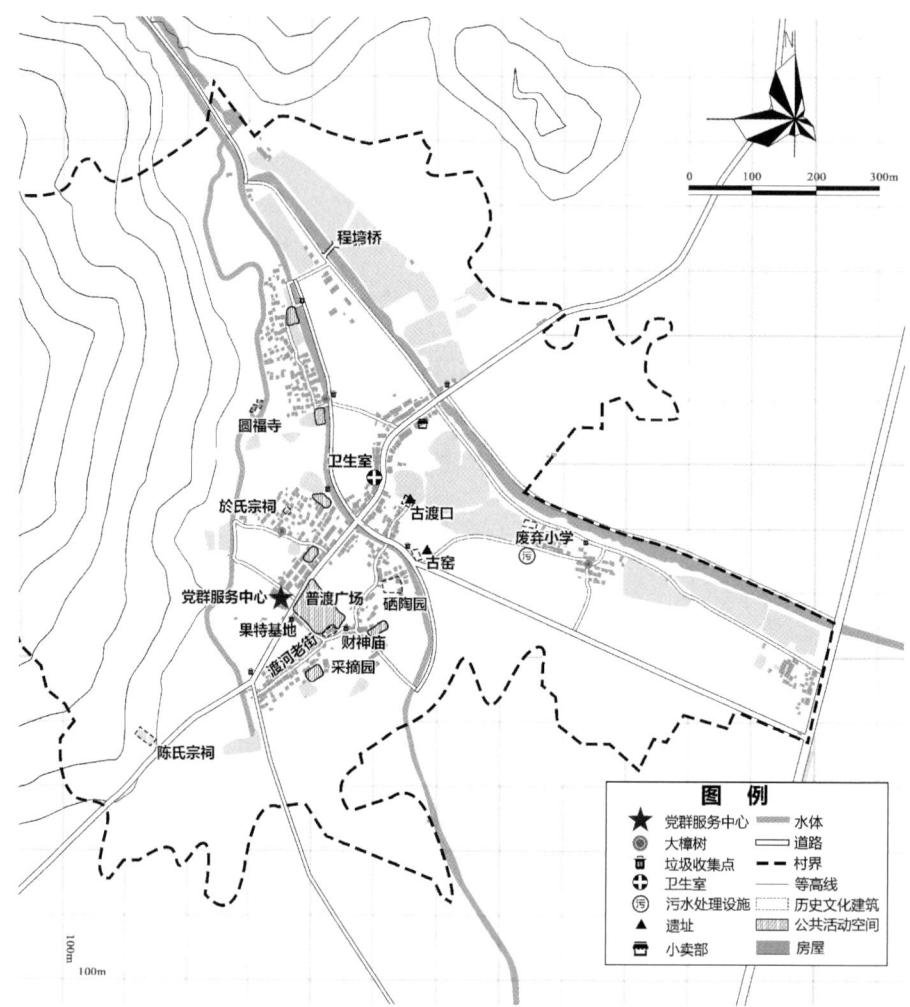

图 2-6　历史文化资源现状图

3. 闲置农房

渡河村第一、二、三小组以"於"姓为主，外出务工情况普遍，房屋空置相对较多。相比之下，多姓的第四、五、六小组以及陈姓的第七小组房屋空置情况较少，村民多在周边市、县工作。实地走访过程中发现，除一些危房已经不具备居住条件外，部分闲置房屋仍具有利用潜力（见表 2-1）。许多闲置房屋质量较好，大多是近 20 年来修建的农房，大部分户主只在过年时返乡居住。

表 2-1 渡河村房屋现状情况

组别	无人居住房屋（栋）			总计（栋）	占该小组房屋比重（%）
	一类房屋	二类房屋	三类房屋		
1	12	2	2	16	19.8%
2	10	5	0	15	25.0%
3	11	2	0	13	19.4%
4	1	1	1	3	4.5%
5	3	4	5	12	20.7%
6	1	1	3	5	6.8%
7	1	3	3	7	15.6%

注：不完全统计。

* 三类房屋：

一类房屋：闲置房屋，较新，户主多在外务工，过年短暂居住。

二类房屋：闲置房屋，老旧，户主多已在外购房，常年在外居住。

三类房屋：危房，不适合居住。

4. 设施条件

渡河村有 1 个党群服务中心、1 个公共活动广场，周边设有篮球场、健身器材、戏曲舞台等，是村民尤其是青少年活动的主要场所；有 1 个村卫生室，可以解决村民看小病的问题；有 3 家小超市，以零售百货为主，其中 1 家承担了寄递物流的功能。镇上有 1 所九年一贯制学校、1 所幼儿园，满足适龄儿童就近入学的需求。村中没有专门的养老设施，党群服务中心后的文化礼堂以及普度广场的戏台为老人提供了活动场所。在供水方面，渡河村已经实现自来水入户全覆盖，水源来自垅坪水库；在污水处理上，目前只有第七小组有组级小型污水处理设施，其他小组通过各家各户"小三格"进行处理；垃圾处理上，7 个村小组都有各自的垃圾收集点，公共区域保洁情况一般。

五、重点人群访谈

1. 人口特征

渡河村全村户籍人口 1598 人，440 户，常住人口 587 人，分别居住于 7 个村民小组，常住人口与户籍人口比仅为 36.7%。

从人群来看，留守群体占据相当比例，以务农（种植水稻、水果）为主。外出务工群体达到 1011 人，常年在福建、广东、浙江、武汉等地从事建筑、纺织服装等行业。近年返乡的村民多为具备一定经验、技能和积蓄的泥水匠，有潜力为村庄建设和发展提供劳动力和技术支持。

分小组来看，第一、二、三、七小组常住人口占户籍人口的比例较高，人口外流较少；第四、五、六小组常住户籍比仅为30%左右，人口外流较多。其中，第一、二、六、七小组有较多人口回流（见表2-2）。

表2-2 渡河村常住人口现状情况

小组	常住	户籍	常住户籍比	返乡	返乡比	18岁以下儿童	70岁以上老人
1	135	310	44%	29	21%	74	28
2	96	251	38%	15	16%	59	25
3	95	241	39%	7	7%	49	35
4	68	221	31%	3	4%	41	22
5	52	181	29%	3	6%	31	20
6	51	188	27%	6	12%	40	16
7	69	146	47%	10	14%	33	15
8	21	60	35%	4	19%	10	6
总计	587	1598	37%	77	5%	337	167

2. 人群需求

根据渡河村对人口结构现状的分析，从占据本村常住人口相当比例的三类重点人群——留守群体、返乡群体和水果种植大户入手，开展需求访谈（见图2-7）。这三类人员虽有一定重叠，但通过了解主要群体的核心诉求，能够抓住村庄的核心问题。

留守群体以4—12岁有着自主跑跳能力的儿童、36—60岁留守在家的妇女，以及75岁以下但仍具备劳动能力的老人为主。其需求主要体现在两个方面：一方面，他们渴望拥有一定的休闲娱乐空间，包括户外游乐场所、适合大龄儿童（初中生）的阅读交流空间和低龄儿童的室内游乐空间，以及专门的室内外文体活动场所，可供舞蹈排练、棋牌和太极练习等。另一方面，留守妇女和具备劳动能力的老人们渴望在家门口找到灵活就业的机会；对于这一类人群，他们还期望获得一定的技能培训，例如电脑技能、家政等技能培训，并且希望能够获得相应的证书以增强求职认可度。

返乡群体主要包括在外从事建筑行业的泥水匠和从事小型产业的小老板。他们的需求主要为接受技能培训，并获得相应的证书以增强自身竞争力；同时，他们希望能够将村里的产业做起来，从而在家门口获得就业机会。此外，还有一些返乡人口计划在村里创业，期望得到用地、宣传、技术等方面的支持。在产品运营方面，目前村内的丝瓜产业主要以原材料出售为主，缺乏议价能力，因此希望能够拥有自己的品牌和运营，从而增加附加值。

种植大户主要以种植渡河的梨、柑橘、桃子等果树为主，每户约拥有10亩的果

图 2-7 师生开展重点人群需求访谈

园。他们希望拓展销售渠道，包括发展电商、抖音带货等新型销售方式；同时，他们希望能够组建一个水果种植与销售的互助组织，以提升集体的销售实力。为了吸引更多游客前来赏花与采摘，他们期望能够共同修建进入果园的山路。面对果园缺水的问题，他们提出了共同建设提水泵站的想法，以保障果园的灌溉用水需求。鉴于渡河的水果品质高但市场定价偏低的情况，他们希望能够以村为单位，建立一定的品牌管理机制，提升产品的市场价值。此外，种植户们普遍表达了对专家技术支持的需求，特别是在农药使用和品种改良等种植技术方面，希望能够得到专家的指导和支持。

六、问题研判

通过历史资料收集、资料调查、重点人群访谈等，研判渡河村在基础设施、人居环境和产业发展等方面存在的问题。

1. 人口外流严重，留守群体公共服务问题突出

渡河村的人口外流现象严重，大量劳动力外出务工，导致村庄中留守群体比例较高，特别是老年人和儿童。这一群体在教育、医疗、娱乐等方面的公共服务需求得不到充分满足，造成"一老一小"问题尤为突出。同时，随着老龄化的加剧和劳动力的持续外流，村庄的人口结构问题日益凸显，劳动力短缺影响了村庄的日常运作和长

远发展。尽管存在劳动力回流现象，但回流人口的比例并不高，且多以具备一定经验和技能的泥水匠为主，这限制了村庄在其他领域的发展潜力。

2. 基础设施存在短板，小型公共建设实施难

渡河村的基础设施建设仍存在短板，道路硬化覆盖不全面，存在断头路和泥土路，这不仅影响了村民的日常出行，也限制了村庄与外界的联系和物资的流通。此外，污水集中处理设施的缺乏和农业灌溉用水的季节性保障体系不完善，使村庄在环境保护和农业生产方面面临较大挑战。这些问题的存在，使小型公共建设项目难以有效实施，进一步加剧了村庄的发展困境。

3. 人居环境舒适度不高，村民参与度不高

渡河村的人居环境存在一定的问题，房前屋后杂乱无章，公共空间缺乏有效的管理和维护，导致"脏乱差"现象较为普遍。乡村公共空间的规划建设方式需要改进，以提高空间的功能性和趣味性，增加村民的使用意愿和参与度。此外，垃圾处理和收运能力不足，影响了村庄的整体卫生状况和居民的生活质量。这些问题的存在，降低了村民的幸福感和归属感，也不利于村庄的可持续发展。

4. 产业发展没有形成合力，"留不住人"

渡河村的产业发展尚未形成有效的合力，小规模和分散化的经营模式限制了产业的发展潜力和联农带农作用的发挥。虽然农产品品质高，但由于缺乏有效的品牌建设和市场推广，产品的价值未能得到充分体现。同时，文化底蕴深厚但未得到有效挖掘和利用，未能转化为促进经济发展的动力。这些问题导致村庄难以留住人才和劳动力，影响了村庄的经济发展和社会稳定。

第三节　方案共谋，形成发展愿景

一、小组规划讨论会

2023年11月7—8日，在初步建立信任的基础上，学生们与各村小组的核心成员召开了规划讨论会。在这些会议中，学生团队收集了村民们在初步认同"共同缔造"的理念后，对于村庄建设的展望。村民们描绘了自己心中村庄未来的蓝图，并讨论了自己将如何参与其中。

基于前期的调研总结和梳理，学生们为各个村小组制作了立体模型，并引导村民们围绕这些模型展开讨论，让他们能够直观地表达自己的想法。这种互动方式，相较于传统的单一访谈，更能激发群众的参与热情，让他们"有的放矢"。面对微型村庄模型，村民们终于可以畅所欲言。

在收集了这些宝贵的意见后,学生们运用专业规划知识,精心制作了每个村小组的愿景规划图。经过反复征询意见和修改完善,他们以村民讨论会的形式将这些规划图进行了公示,并通过宣传栏、共同缔造工作坊等多种途径向村民展示。这样,不仅让"幸福渡河 共同缔造"的愿景深入人心,也确保了每位村民都能了解和参与未来的规划。

✓第四小组村民共议会:第一是灌溉用水紧缺的问题,这也是村民反映最强烈的问题。起主要灌溉作用的高干渠屡次干涸,导致田地、果林灌溉用水不足。第二是当家塘的污水排放问题。由于有部分农户家中没有接入排污管道,也没有污水集中收集处理池,所以将污水排入了当家塘中,导致当家塘的水质恶化。第三是村里缺少照明路灯。村民还希望可以在小组区域内建设一块公共活动空间,用于唱歌跳舞。第四是村内农业发展程度不高,农产品卖不出价格,希望加强宣传渡河的特色农产品,为农户开展种植技术培训以及帮助开拓市场。

✓第五小组村塆夜话:讨论会异常激烈,许多村民指着村口桥所在的位置发表意见。这座桥给村民出行带来了不便,桥梁口转弯比较急,行车错车不方便。现在村里的活动广场比较远,村里晚上照明条件不好,村民不方便也不愿意去,小组内需要修建一个活动广场,平时组内红白喜事也要有一个专门的地方去办。小组当家塘干涸荒废,希望能够硬化塘底,恢复蓄水功能。

✓第七小组村民共议会:村民反映最多最强烈的就是道路未硬化的问题。组内部路尚未硬化,还是泥路、土路,村内风貌也很差,离"路无浮土,墙无断垣"的要求差距很大。村民希望可以硬化道路。他们还想发展民宿经济,认为人居环境的改造势在必行。此外,小组内丝瓜基地的排水问题需要解决,有时会发出异味。

二、村庄规划讨论会

针对调研和讨论发现的问题,团队组织村民、县镇村干部一起开展研讨会,针对问题清单中存在的共性问题和重点问题,共同探讨和制订实施方案。

1. 党群服务中心功能提升

村庄(级)党群服务中心是链接村党支部、村委会与村民的空间载体,为了使村民能够走进来、将服务中心用起来,让中心的人气"聚起来",团队计划对原有的党群活动中心进行改造。

为了充分征求群众的意见,得到村民的支持,打造出村民愿意走进来、待得住的活动空间,团队先后组织村民、镇村干部和相关领导进行规划建设研讨会(见图2-8)。

图 2-8 党群服务中心建设方案共谋

村民理事会成员和村里的工匠提出党群服务中心不能大拆大建，文化礼堂要保留百姓大舞台以满足各类文艺演出、电影放映活动；要设置老年人活动中心，为老年人提供室内活动场所。需照料幼儿的妇女们希望有一个儿童活动场地，为上小学的儿童提供课后托管服务。其他意见还包括：设置快递物流便民服务点、农产品直播带货区、幸福食堂老年服务站等；以及设置儿童乐园、老人健身区域和妇女跳舞的区域，并配备畅通的进出通道。

2. 邻里互助中心服务功能提升

第四、五小组是原老渡河桥街所在地，现有 121 户 423 人，在家的村民多是老人、妇女、儿童。在镇村干部的动员之下，第五小组村民程正雄自愿捐出闲置老屋，用作邻里互助中心的建设。小组长於记中表示，他愿意带领村民们投工投劳，筹建互助中心。

在小组共议会中，第四、五小组村民反映小组内没有固定的文化活动场所，日常活动内容较单一。出于对唱黄梅戏的喜爱，多数村民支持采购一台卡拉 OK 机，闲暇时能用于唱戏娱乐。村干部、小组长提出需要一个议事的地方，村里有什么事情需要商量的，有地方可以讨论，"最好有块黑板能写写画画"。根据村民的意见和反馈（见图 2-9），团队改进了邻里互助中心的设计方案。

图 2-9 村小组讨论与村民留言板

3. 房前屋后小菜园（小花园）改造

房前屋后的小菜园（小花园）的建设及改造，不仅是提升村庄居住环境的关键，也满足了村民对美好幸福生活的追求。随着村庄面貌的变化，许多村民开始考虑改造自家的房前屋后。在房前屋后的改造项目中，学生团队与村民们进行了深入的讨论，确保改造方案能贴近他们的需求和期望。在制订设计方案时，学生们特别注意听取村民的意见（见图2-10），力求在改善居住条件的同时，能让改造后的环境带给村民舒适和幸福感。

图2-10　学生与村民讨论房前屋后改造

第四小组的於爷爷虽然不太了解具体的改造方案，但他希望改造后的小花园能让每年过年才会回来的孙女愿意多在家留些时光，因此团队在设计中特别注重环境的美观和对儿童的友好性，加入了涂鸦墙和爬藤秋千。第七小组的陈阿姨希望团队能将她屋前的果林和花圃设计得更为整洁美观，目前这里还有些杂乱。第五小组的张大姐表示，家门口的一大片水泥空地未被有效利用，既不美观也不实用，她希望能重新设计这块区域，创造一个供村民休息娱乐的空间，同时种植一些花草，增添几分生机与舒适。

第四节　采取行动，共建强化共识

一、程塆桥修缮

围绕第一小组程塆桥修缮的讨论最为激烈。程塆桥长25米、宽6米，是渡河村第一小组通往白羊社区的必经之路，于20世纪70年代中旬修建。该桥因年久失修被垅坪水库管理处列为危桥，现已无法承载农机通行，给村民出行与生产带来不便，亟须重新修缮加固桥梁。

关于危桥修缮，村里尝试过发动村民捐资捐物、投工投劳，但一开始收到的反响平平。在一次湾子夜话中，有村民道出顾虑：修桥并不是只有第一小组的村民受益，如果纯粹由第一小组村民来承担费用，大家心中觉得不平衡也是正常的。更重要的是，在村民心中，这么多年来政府主导项目的做法已经根深蒂固。不少村民都处于观望状态，觉得或许再等等，这事儿就能通过政府项目解决了，根本不需要村民投入。

在镇、村的协助下，学生们在理事会成员於艳中家里召开了一次关于危桥修缮的讨论会（见图2-11）。会上，学生们首先与村民明确了几点共识：程塆桥是一座便民桥，主要功能是供村民过路、驾驶小型农机通过的。桥梁位于行洪道上，两边河道不深。在泄洪的时候，洪水主要向两边漫，一般只需要加固。在这种情况下，建固定的、大跨度的桥并不经济划算。

图2-11　程塆桥修缮讨论会

在讨论沟通后，村民选择以自筹和申请奖补的方式解决修缮便民桥的资金问题，并初步约定村民投工投劳参与乡村建设。将第一小组便民桥推入实施轨道后，其他小组的村民意识到这是"动真格"的，是与以前不一样的乡村建设方式。程塆桥修缮前后对比见图2-12。

图2-12　程塆桥修缮前后对比

二、儿童乐园共建

渡河村留守儿童问题较为突出，由于缺乏家长的陪伴和教导，许多孩子课余时间沉迷于游戏和短视频。许多家长表达希望村里有更多可供儿童活动的户外空间。经过与孩子及家长的多轮协商共谋后，学生团队与村委达成共识，决定在村部周边建设一个儿童乐园。

完成儿童乐园的规划设计方案不难，关键是如何付诸实施。同学们一致认为：要摆脱"纸上画画，墙上挂挂"的规划，必须"上接天线，下接地气"。学生团队一方面与市县党委书记、县直部门负责人、镇村干部共同讨论、分析问题、商讨方案；另一方面与村委、村民就渡河村共同缔造重点关注的事项进行研讨。在儿童乐园共建过程中，学生与村民选择以投工投劳、降低成本和以奖代补的方式筹措修建儿童乐园需要的物资与资金，在实践中不断完善乡规民约、以奖代补、群众意见收集等机制。

团队与村干部、工匠共同组成儿童乐园共同缔造小组。学生们负责方案设计，并在施工过程中根据实际情况调整方案。在建设过程中，共同缔造小组动员和组织群众投工投劳，探索了各种机制，激发村民建设村庄的主体性（见图2-13）。例如通过"小手拉大手，入户宣传"等方式，结合供销社探索积分激励机制（劳动一天村民可获得50元现金+10元积分，参与共建的儿童获得5元积分）。

图2-13 学生与村民共建儿童乐园

在大家的共同努力下，村里新建的儿童乐园已经成为一大亮点（见图2-14）。这个乐园不仅为村里的孩子们提供了一个安全、有趣的玩耍空间，也成为社区中最受欢迎和最热闹的公共场所。此外，儿童乐园的成功建立也提升了村庄的凝聚力，让更多的家庭参与到村庄的公共生活中来，增强了社区的活力和归属感。

图 2-14 儿童乐园建设成效

第五节 制度保障，巩固实践成效

在实践过程中，学生们意识到：在渡河的案例中，村庄面临的大部分问题，例如留守群体权益问题、特色水果种植技术改良问题等，解决问题的关键都在村庄之外。学生团队意识到：面对这些问题，不是单靠一个村的行动就可以解决的。这需要县、镇、村、村民等多级主体明确职责并采取行动。每一层级的资源禀赋和层级目标不同，在机制创新上也各有侧重。对于县一级来说，资源整合是机制创新的重点。资源和服务的承上启下是乡镇一级机制创新的重点。而如何动员、组织群众，则是村一级机制体制创新的重点。

以修桥事件为例，学生团队与县领导多次讨论后，围绕修桥这一类村里的小型公共建设提出机制改革的倡议。

一是探索群众意见收集分办机制。每月由村民小组通过湾组夜话、群众代表会等形式，收集群众意见建议，能解决的立行立办，不能解决的逐级上报到村、镇、县里，分层解决、分类办理，当月回应。同时，定期组织群众打分评价，构建"意见收集、分类处理、跟进反馈、群众评价"的工作闭环。

二是探索完善以奖代补共建机制。主要提出探索群众"参与式预算"，对符合以奖代补的项目实行集中受理、竞争性评审；确定为以奖代补项目后，先拨付30%的启动资金，建成验收合格再拨付剩余资金。

三是针对项目制的缺陷，通过让村民参与预算、讨论、建设和管护等环节的制度设计，让更多实惠型的小型建设项目得以实施。随着以奖代补政策的出台，村庄评比和竞争性评审的引入，也将更加充分地调动村庄发展的积极性，做到"用一块钱撬动另一块钱"，让更广泛的村庄从中受益。

实践活动的尾声，县、镇政府为团队学生颁发了"乡村规划师"的聘书（见图2-15）；在村干部的协调下，学生也与村里的留守儿童结对成为"爱心哥哥""爱心姐姐"。

图 2-15　学生受聘为"乡村规划师"

乡村建设的实践仍在继续,对于参与本次实践的同学来说,亲眼见证和亲身经历乡村环境面貌和村庄人际关系的改善,让他们受益良多。一位同学感慨道:"我们必须始终紧扣国家需求和群众需求,研究真问题、解决真问题。"在多元价值观不断碰撞、个人选择极大丰富的现代社会,这或许是治疗年轻人"空心病"的一剂良药。

第三章
规划方案

　　本章阐述渡河村规划方案,以"幸福渡河"为愿景,明确空间布局,制定功能分区与产业规划,完善公共服务设施与基础设施建设,打造宜居宜业的和美乡村。

第一节　规划思路

在美好环境与幸福生活共同缔造的认识论与方法论的指导下，本次规划方案编制以建设宜居宜业和美乡村为目标，针对返乡人员、留守妇女、留守儿童、留守老人等重点人群，开展村庄问题共议会，引导不同人群发现问题、提出需求，并以问题为导向，通过引导村民参与到村庄问题的解决中，实现集体关系的再组织。规划方案编制注重基于挖掘本地的特色资源，包括自然资源、人文资源、景观资源、能人资源等，将其作为促进村民参与和彰显乡村特色的重要抓手。具体规划内容包括：

1. 共商愿景：达成发展共识，描绘美好愿景

村民对乡村未来发展最有发言权，但不同的村民看待乡村的角度与愿景各异，需要通过反复、面对面的交流，促使村民逐步达成共识。通过入户调研、讨论会和新媒介相结合的方法，通过系列共同缔造规划活动，邀请多样化背景（年龄、职业等）的村民，参与到乡村未来发展愿景的讨论中，逐步形成乡村发展的共识。

2. 空间布局：完善服务设施，提升环境品质

以建设和美乡村为目标，制定渡河村村庄规划。重点优化村庄功能布局，完善党群服务中心、公园、活动场地、市政设施、慢行系统等公共服务与基础设施，构建完整的村庄生活圈。规划设计景观及功能节点，并与村民群众广泛探讨，体现村民意志，提升人居环境品质。鼓励村庄群众出工出力，共同参与村庄环境整治与提升。引导村民群众美化村庄房前屋后的微空间，包括庭院、围栏、道路、花坛和绿地等，营造更加宜居的乡村环境。

3. 风貌设计：提炼文化要素，整体风貌提升

以第四、第五小组为范围，制订风貌提升方案。一是依据农房不同的建设年代与现状农房立面情况，提出农房立面微改造方案；二是围绕公共空间、道路、房前屋后节点等重点空间进行环境设计，着力提升公共空间品质，彰显渡河村文化底蕴。整个风貌提升方案需要充分征求当地群众意见，广泛开展讨论协商，推动共谋共建共管，确保方案既有整体提升效果，又能充分体现村民意愿与乡土特色。

4. 行动计划：商定行动计划，共建美好家园

针对共同讨论发现的村庄发展问题，如设施短板、环境不佳、村庄认同感不强等，组织村民共同商讨，制订解决村庄现状问题与实现村庄发展愿景的近远期计划，并落实到具体空间。通过空间改善带动公众参与，增强村民对村庄的认同感、归属感。结合村庄的实际情况，可从党群服务中心服务提升计划、儿童友好村庄行动计

划、房前屋后小菜园改造计划、基础设施完善计划、乡村文化培育行动计划、村庄规划师培训计划等方面展开，并大致明确每项行动的实施时序。

5. 制度建设：探索共治模式，培训村庄规划师

在村"两委"的发动和组织下，村小组、村民理事会、监事会等群众组织和村民共同商讨，制定乡规民约。通过推动党群组织下沉至村庄、引入多样化兴趣与专业的社会组织，重新凝聚分散的村民个体，使每位村民都能在各类组织中找到归属，实现"横向到边"。积极发掘并培训村庄能人，带动更多村民参与共同缔造行动。

第二节 总体布局

幸福生活是人们共同的追求。以"幸福渡河"为发展愿景，不仅因为它承载着人们对美好生活的朴素向往，更因其深深扎根于村庄的自然肌理与日常生活。宋代词人秦观笔下的"树绕村庄，水满陂塘"，恰如其分地展现了渡河村的田园风貌与生活意境。这里果园错落有致，春日繁花似锦；白墙红瓦掩映山林，溪水穿村潺潺不息。这样的空间环境与生活节奏，正承载着村民内心对宁静、富足、有尊严的乡村生活的美好憧憬（见图3-1）。

宋代诗人秦观《行香子·树绕村庄》有一词，正是村庄日常生活的写照：果树环绕，流水潺潺，陂塘水满。近看处，采摘园里，桃花红艳、李花洁白、菜花金黄；远望去，白墙红瓦隐隐可见，五祖寺坐落在群山中，显得古朴而宁静。古渡口旁、小桥边，芦苇荡，流水不语，诉说着古老的故事。倚着东风，心情愉悦地在村间小路上徜徉。乘兴漫步，耳边是莺儿啼，眼前是燕儿舞，足际是蝶儿忙。

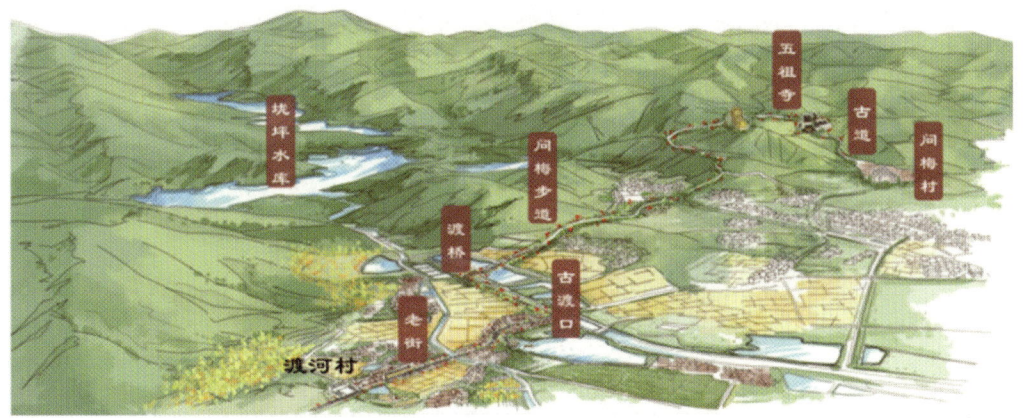

图3-1 渡河村愿景图

本轮规划在全面补齐道路、垃圾处理、污水治理等基础设施短板的基础上，注重

从群众日常关切出发：结合党群服务中心与邻里互助中心的功能优化，引导其由单一职能向综合服务转变，增设老年照料、儿童活动、技能培训等功能，构建嵌入式基层服务体系；以房前屋后和村内公共空间为切入点，通过居民共建、共管、共享，改善居住环境，提升村庄整体风貌；依托渡河村良好的生态基础和文化禀赋，规划支持特色水果种植、丝瓜加工等本地产业发展，拓展农民增收渠道，并结合五祖禅寺文化资源培育乡村研学旅游体验项目（见图3-2）。

图3-2 渡河村规划总平面图

第一、二小组（见图3-3）：
①选择合适的闲置房屋，将其改造为邻里中心。
②拓宽组间巷道，占道房屋拆除或退让，满足消防需要。
③各组分别设置1个垃圾收集点、1处小型分散式污水处理设施。
④活动广场功能提升。
⑤依托西侧果树种植区，建设采摘园。
⑥规划多云山休闲步道。

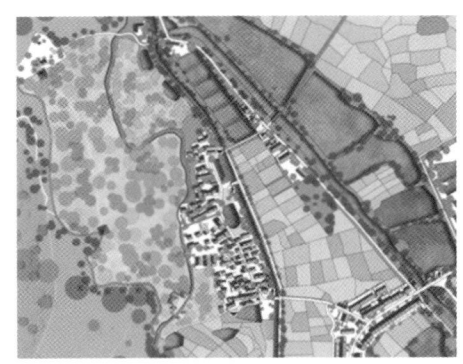

图3-3　第一、二小组平面图

第三、六小组（见图3-4）：
①重点打造党群服务中心、文化礼堂，结合户外空间整体打造村级服务中心。
②选择合适的闲置房屋，将其改造为邻里中心。
③各组分别设置1个垃圾收集点、1处小型分散式污水处理设施。
④第三组活动广场功能提升，第六组新建1处活动广场。
⑤第三组西侧接续采摘步道，串联圆福寺等资源。

图3-4　第三、六小组平面图

第四、五小组（见图3-5）：
①对老街两侧农房进行风貌提升。
②依托闲置农房打造耕读书屋，规划邻里中心。
③分别设置1个垃圾收集点、1处污水处理设施。
④活动广场品质提升。
⑤依托特色水果资源，发展休闲采摘；对现有公厕进行提升。

图3-5　第四、五小组平面图

续上表

第七小组（见图3-6）： ①选择合适的闲置房屋规划邻里中心。 ②利用大樟树周边场地打造公共空间。 ③硬化、拓宽组内道路，占道房屋拆除或退让。 ④设置1处垃圾收集点。 ⑤利用闲置小学，将其改造为丝瓜加工车间。 ⑥利用发展备用地，发展特色水果采摘、庭院经济。 ⑦选择有潜力的农房作为试点，将其改造成农家乐、民宿等。	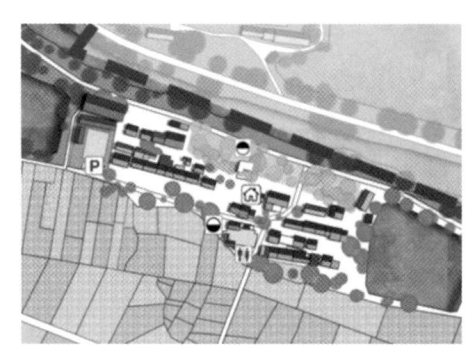 图3-6 第七小组平面图

第三节　功能分区

为明确村域空间结构和主体功能，规划方案充分结合渡河村自然条件、资源禀赋及发展需求，将全域划分生态涵养区、采摘体验区、农耕产业区、丝瓜产业区、农家体验区、居住生活区、综合服务区、老街文化区等功能分区（见图3-7）。具体功能布局如下：

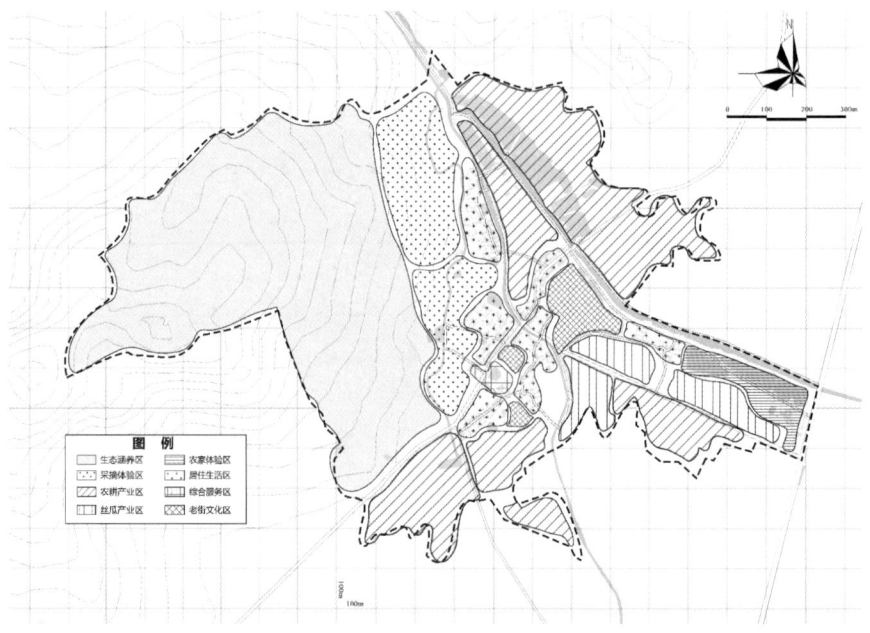

图3-7　渡河村功能分区图

（1）生态涵养区：以村域西部多云山为生态基底，严守保护生态环境的底线，落实生态红线管控，构建村庄生态屏障。通过实施生态修复、植被恢复和生态旅游路径设计等措施，进一步巩固和提升渡河村的生态服务功能。

（2）采摘体验区：依托现有雪梨、油桃、柑橘等种植资源，打造特色采摘果园。通过布设采摘步道，将果园节点有机串联，形成生态农业与乡村休闲融合发展的体验走廊。该区不仅提供果蔬采摘体验，还可结合研学、文化旅游等项目，拓展果品展销、农事体验等多样化功能。

（3）农耕产业区：以现有耕地、农田为基础，严格守住耕地红线，保障粮食主产功能。为应对气候变化，将推进农田水利基础设施建设，推广高效农业技术，夯实渡河村农业生产核心区域地位，确保粮食安全。

（4）丝瓜产业区：依托丝瓜种植基地为基础，规划建设集种植、加工、展销、研学体验于一体的丝瓜产业综合区。引入农产品加工车间，延伸产业链条，提升农产品附加值。同时，通过研学与体验活动，打造乡村产业与文化融合的新亮点。

（5）农家体验区：以五祖水城为核心，结合渡河村未来培育的民宿、农家乐，规划中端品质的农家餐饮、住宿、垂钓等休闲服务，可集合观光、体验、农家生活为一体发展，丰富村域旅游业态。

（6）居住生活区：涵盖渡河村七个自然小组，充分保留原有街巷肌理，并推进基础设施提档升级。各个小组建设邻里互助中心，以小组为基本单元，推动和美乡村建设，完善居住功能与社区服务体系。

（7）综合服务区：位于村域中心，依托党群服务中心、儿童乐园与普度广场，集成党群联系、便民服务、节庆活动等多功能，构建村级公共服务中心。通过广场及内部空间，承载多层次的公共活动与交流，打造服务便捷、功能复合的村庄综合服务区。

（8）老街文化区：以老街、古渡口和古河道为文化载体，深入挖掘和传承民俗文化和地方历史故事，重点突出古渡口和禅文化特色。在老街文化区规划农特产品售卖、伴手礼制作与销售等功能，提升渡河村文化品牌与旅游吸引力。

按照黄梅县北部山区产业发展定位，渡河村重点推动农文旅融合发展：

一是农业产业布局。依托"采摘体验区""农耕产业区"和"丝瓜产业区"，聚集果树种植及深加工，形成以渡河梨、渡河油桃、丝瓜等为主导的特色农业产业链。规划措施包括：注册商标，打造"渡河梨"等品牌，提升市场竞争力。成立特色水果合作社，整合分散的果树种植资源，改良品种和种植技术，提高果树种植的抗风险能力。特色水果种植合作社将由村庄内种植能人牵头，向村域内种植者提供技术指导。完善农业种植区域内基础设施建设，如采摘步道、灌溉设施和蓄水池，同时结合村庄内研学产业发展，在农业生产区域植入果树种植科普教育，增强农业体验与教育功能，拓宽农民的增收渠道。

二是文化产业布局。依托"老街文化区"等空间，深入挖掘渡河村的历史文化底蕴，与五祖寺形成呼应，打造以禅文化为内核的文化体验体系。具体措施包括：对渡河老街进行保护性开发，保留其原始风貌，避免大拆大建，从民俗体验、名吃制作、手工艺品DIY体验等入手,将本地村民有特色的生计活动作为村庄文化。恢复第六小组(古渡河)历史场景,采用自然融合的设计手法,重现五祖送六祖的文化现场,并结合周围稻田,打造文化地标。发掘东山硒陶资源,推动硒陶制作、展示与体验,培育本土非遗文化品牌。

三是研学旅游布局。结合"农家体验区""采摘体验区"和"综合服务区"等,以休闲观光、农业体验和文化研学为核心,构建乡村旅游与研学教育融合体系。主要措施包括:利用休闲步道,加强与问梅村、五祖寺等周边景区的空间联动,推动旅游市场共享。引导农户成立庭院经济合作社,利用农房、庭院、房前屋后的小菜园、小花园、小果园等空间资源,发展民宿、农家乐、餐饮等接待服务,完善食宿体系。与五祖镇研学企业合作,设计特色研学课程,将渡河村作为研学项目点,涵盖特色水果采摘、硒陶制作、乡土美食DIY等内容,丰富研学活动形式,打造多元化的乡村旅游目的地。

第四节 设施布局

一、公共服务设施

本轮规划综合考虑村庄发展阶段及常住人口、流动人口的规模与结构,在评估现状资源的基础上,查漏补缺,系统推进公共服务设施建设。规划重点关注对农村"一老一少"等重点人群的服务保障,注重设施的分级配置、功能互补与资源整合,并尽量集中布置、盘活存量空间,提升设施的服务效能和使用效率。

在村级层面,规划以党群服务中心为基础平台,进行改造升级,拓展其服务功能。拟增设老年服务中心、幼儿托管中心、农资服务点、文化活动室、便民服务设施和快递点,打造集基本生活服务、文化休闲、托幼助老等功能于一体的综合性服务场所,增强村级公共服务能力。

在组级层面,规划增设邻里互助中心,充分利用各小组的闲置农房资源,服务村民日常生活与社区交往。此类设施将包括基本的养老服务空间、日常休憩空间及议事空间,强化基层邻里互助功能。同时,结合实际需求,规划改造或新建小组活动广场和公共空间,合理布置活动场地、休憩设施,并适当增设停车位置,提升公共空间的便利性与宜居性。

二、基础设施

村庄道路系统主要从两方面提升(见图3-8):一是打通"断头路",提高村内道路硬化率。①硬化第七小组主要道路,第一、二小组交界处道路、垅坪渠边未硬化段，完善环村道路系统。②为满足消防要求，扩宽部分小组（如第一、二小组，第七小组）的组间道路，占道房屋予以退让或拆除。

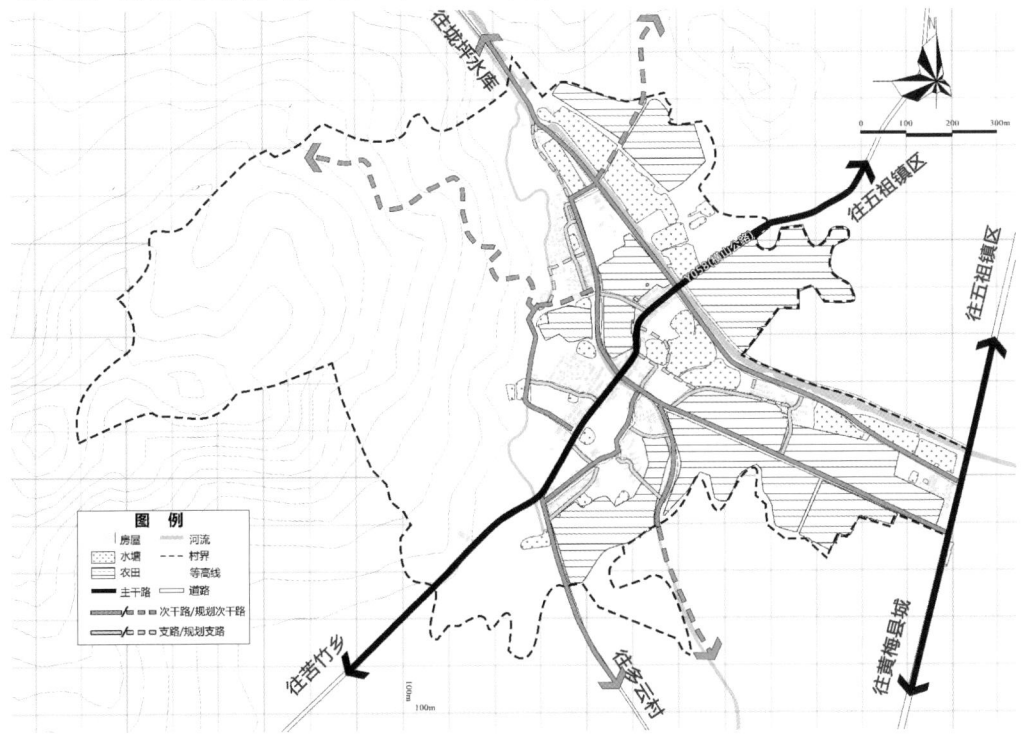

图 3-8　渡河村道路系统规划图

二是谋划休闲步道，提高村庄对外联系度。①问梅步道：以稻田景观和禅韵文化为特色，打造程塆桥至五祖寺休闲步道，连接问梅村、五祖寺等知名旅游景点，改造升级现有田埂路和林间道路。②多云步道：以梨花景观、果园采摘、登高休闲为特色，打造水果采摘园与登山步道，依托现有山路进行改造升级，连接圆福寺、果园、广福寺等资源。

通过政府投资、社会融资、村民自筹及以奖代补等多种渠道筹集资金。对于投入成本较大的对外道路，将道路建设与当地产业发展需求相结合，便于生成项目和筹措资金支持。对于投入成本较低的内部道路，鼓励村民投工投劳、捐资捐物，共同参与道路建设与维护，为开展共同缔造打下良好基础。

三、垃圾收集

以村民小组为单位推进垃圾处理设施全覆盖，确保每个小组配备一个垃圾收集点。在垃圾处理方式上，逐步构建"户分类、组保洁、村收集、镇转运、市处理"的五级垃圾清收体系，构建稳定运行的长效机制。因地制宜加快推进农村生活垃圾源头分类减量，探索符合农村特点、农民习惯和简便易行的分类处理模式，推广农村可回收垃圾资源化利用。通过建立垃圾分类超市，以积分兑换可回收垃圾等方式，实现村级垃圾减量化、无害化、资源化。利用积分制与乡规民约引导村民自觉管护好自家房前屋后，保洁员负责公共空间卫生。

四、污水治理

由于乡村聚落较为分散，污水设施选址和管网布局等与城市相比差别明显，不能简单采取城市的"统一纳管"的方式来治理农村污水。应因地制宜，建设适宜乡村特征的分散化、小型化基础设施，通过以奖代补方式鼓励村民参与设施建设和管护，提高农村居民参与积极性。采用"321"污水处理模式，实现粪污无害化处理与资源化利用的良性循环，进一步推动城乡污水一体化治理。所谓"321"污水处理模式，即"3"是指三水分流，即洗涤水、餐厨水、厕所水分开处理。洗涤水和餐厨水经过沉井过滤后流入管网，厕所水需要经过小三格厌氧发酵净化处理流入管网，避免洗涤水和餐厨水中的化学成分及油污进入小三格化粪池，影响厌氧菌发酵。"2"是指"两级处理"，分别为农户的小三格和农村公厕化粪池为一级处理，根据村庄地形地貌自然水系建成的大三格净化池为二级处理。"1"是指"一片湿地"，用于进一步净化污水，完善处理体系。

第四章

行动计划

本章聚焦渡河村的行动计划,包括重点场所营建、房前屋后微改造、公共空间优化提升及本土特色产业培育等内容。

第一节 重点场所营建

一、党群服务中心

党群服务中心是党直接联系群众的空间载体,是村社"两委"办事议事、开展自治的重要阵地,也是政府提供公共服务的关键场所。党群服务中心是联结党和群众的空间载体,承担着夯实党的组织建设、加强党组织和群众联系的功能。党群服务中心的改造,意义不仅在于空间建设,更在于统筹公共资源配置与群众需求,促进政府与社会的良性互动。此外,作为乡村最重要的公共空间,党群服务中心也是乡村集体生活的重要平台。此次改造采取共同缔造的方法,从群众身边的小事实事切入,着力解决农村地区"一老一小"的服务问题,吸引群众主动走进来;推动党的群团组织和政府服务下沉,让服务更加贴近群众,破解长效运营的难题;组织村干部、村民共同讨论、共同建设,通过持续的场所营造活动,使公共空间真正成为党群互动、社区融合的纽带。

1. 场地分析

党群服务中心位于渡河村第三小组,距离最远的第一小组、第七小组需步行 10 分钟。主要构筑物和功能空间包括党群服务中心大楼、文化礼堂、食堂和公共厕所。与横山公路相隔有绿化公园、普度广场,户外活动空间较大。

目前存在问题(见图 4-1):①功能布局单一,内部布局混乱无序,整体内部空间未得到合理利用;②服务功能不齐全,针对重点人群的服务功能不足,面对村庄内"一老一小"服务人群,未进行有效区分;③主要功能区之间分割较为明显,流线组织不畅;④马路对面的党群服务中心绿化公园占地规模较大,但群众使用率不高,未打造合理的滨水空间与活动空间,且绿化管护成本较大,常年未维护使其更加未得到合理利用。

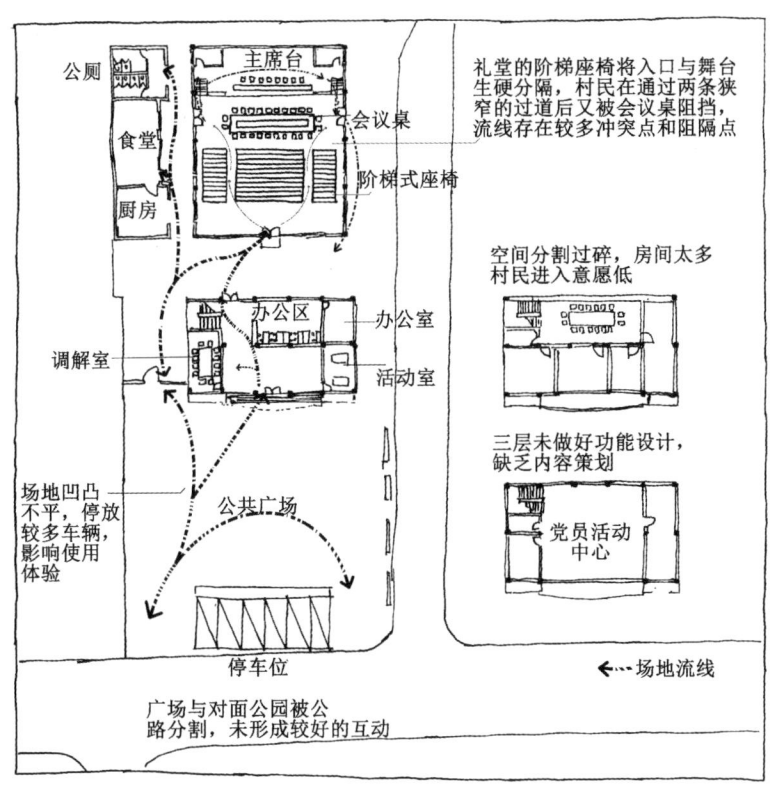

图 4-1 党群服务中心场地分析

2. 需求分析

通过问卷调查、走访、实地调研与村民议事会等形式,了解村庄常住人群结构,并对人群需求进行分类(见表 4-1)。

表 4-1 党群服务中心人群需求分析

人群	需求
儿童	1. 户外游乐园; 2. 儿童阅览室; 3. 课余活动
妇女	1. 跳舞、唱歌(卡拉 OK 设备); 2. 技能培训(会计、电脑基本操作); 3. 课后辅导、兴趣爱好班
老人	1. 健身活动、打太极、乒乓球; 2. 书法、绘画、拉二胡等; 3. 聊天

常住人口结构：一是有自主跑跳能力的儿童，有 0—3 岁幼儿 13 人，4—6 岁学龄前儿童 30 人，7—12 岁小学生 72 人，13—15 岁初中生 41 人。二是 30—60 岁的留守妇女，其中 19—35 岁青年妇女 22 人，36—60 岁的中老年妇女 109 人。三是 75 岁以下具有劳动能力的老人，其中 61—75 岁的老人 164 人。此外，有 75 岁及以上的高龄老人 70 人。

人群需求分析：根据不同人群特征，通过需求讨论得出儿童更加希望党群服务中心提供户外游乐园、儿童阅览室、课余活动场所；妇女更加关注党群服务中心是否能为其提供唱歌、跳舞等培养兴趣爱好空间，以及是否有可以提升会计、电脑等基本操作技能的场所；老年人更注重户外健身空间、室内书室、绘画、聊天空间的设置。

3. 改造思路

根据改造策略（见图 4-2），在原有党群服务中心的基础上，一楼设置办事大厅、供销超市、快递站点等；二楼设置议事场所、文化展览、共同缔造工作坊等；三楼设置党员活动室，预留空间举办村民技能培训等。原村民学校保留原有文化大舞台，并将阶梯教室改为开放的活动空间，打破礼堂内部的空间分割，并面向"一老一少"群体设计活动区域。结合门前广场、空地拓展服务功能，与绿化公园、普度广场结合，清理步道、建设滨水空间与儿童乐园，并对原有篮球场进行照明升级。

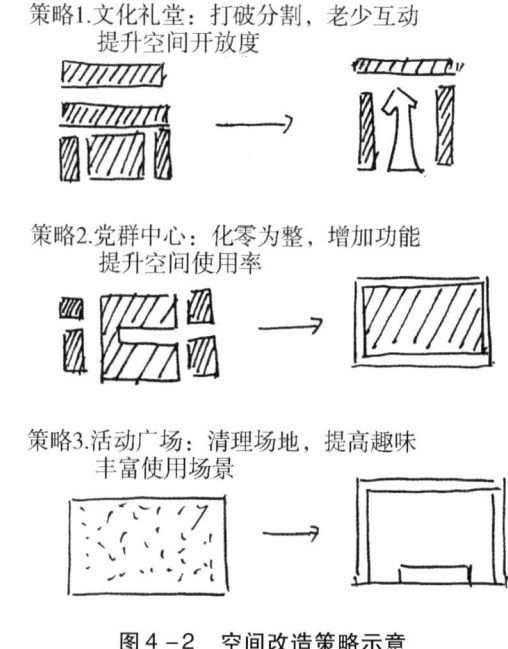

图 4-2 空间改造策略示意

4. 功能布局与分区设计

（1）党群服务中心主体建筑。党群服务中心共三层，其中心功能分区见图 4-3，其平面图见图 4-4。

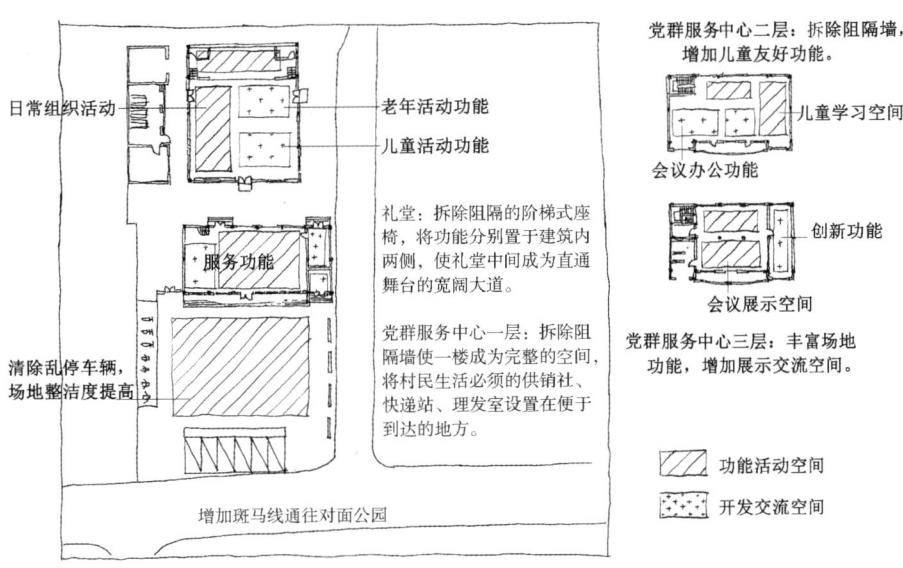

图4-3 党群服务中心功能分区图

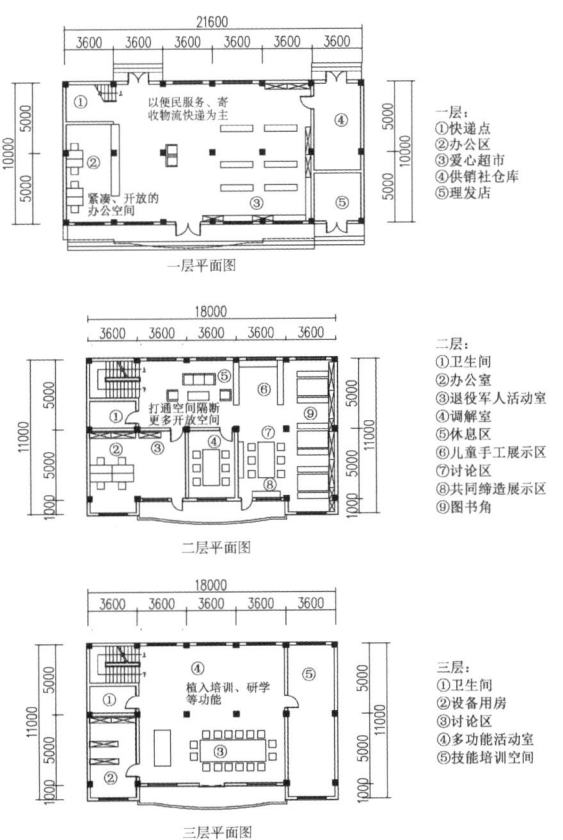

图4-4 党群服务中心平面图

首层主要分为四类空间，首层左侧设置一站式便民服务，不设置柜台，提供开放空间，使村干部与村民可以面对面交流；中间部分设置供销社、物流快递等便民服务点，满足村民日常用品、化肥农药、收寄快递等生活生产服务需求；设置农产品直播区，对本地特色农产品，例如丝瓜等进行网络直播销售；右侧主要是仓库等空间，用于存储公共物资。

二层主要设置办公室、会议室、退役军人服务站与资料室等空间。主要针对特定事务商谈需求，如用于召开村民大会与村小组会议，以及用于村庄、村委的各项资料存储与存放。二层同时为共同缔造工作坊活动场地。

三层主要设置党员活动中心，悬挂旗帜、标志与标语、放置相关文件资料与书籍，也可成为村民商讨议事的场所；右侧为众创空间，是村民日常创作、活动的空间，可进行拉二胡、绘画、书法活动等创作。可与产业配套打造研学、教学空间。

（2）文化礼堂。文化礼堂设于党群服务中心一层，保留原有的百姓大舞台，中间部分设置桌椅，可供村民举办活动。左侧设置儿童之家，可进行日间托幼服务，设置四点半学堂，为儿童设置室内活动中心，可一室多用；右侧设置老年活动中心，可结合大舞台进行相关活动、演出排练活动。设置图书活动驿站，开辟图书阅览区域，结合左右侧空间布置，可在左侧放置儿童书籍，右侧设置为流动书吧（见图4-5）。

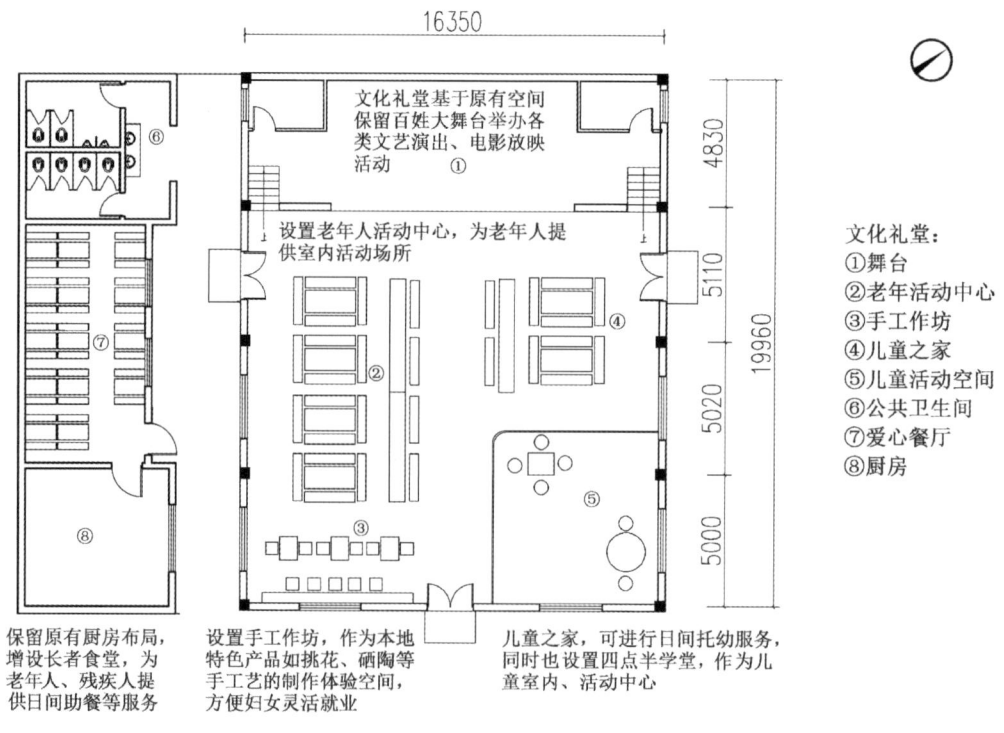

图4-5 文化礼堂平面图

（3）户外空间与活动广场。户外空间主要将党群服务中心与内部空间布局、周边环境相结合。在党群服务中心内部设置连廊，增加党群服务中心与文化礼堂的连通性，连廊也可为村民群众增加休憩空间与文化展示空间；在转角与空地处利用村庄现有材料增加座椅、物件陈列等设施。在党群服务中心前的活动广场增加健身设施、党建文化展示区与停车场等空间，丰富广场功能并增加夜间照明。

（4）儿童乐园。利用普度广场前的绿化公园，秉承儿童友好的理念，以安全实用的设施、自然美观的设计、经济实惠的投入、群众参与的过程、公开透明的账目、长期有效的管理，形成可看、可学、可推广的村庄小型公共空间建设的经验。改造方案见图4-6。

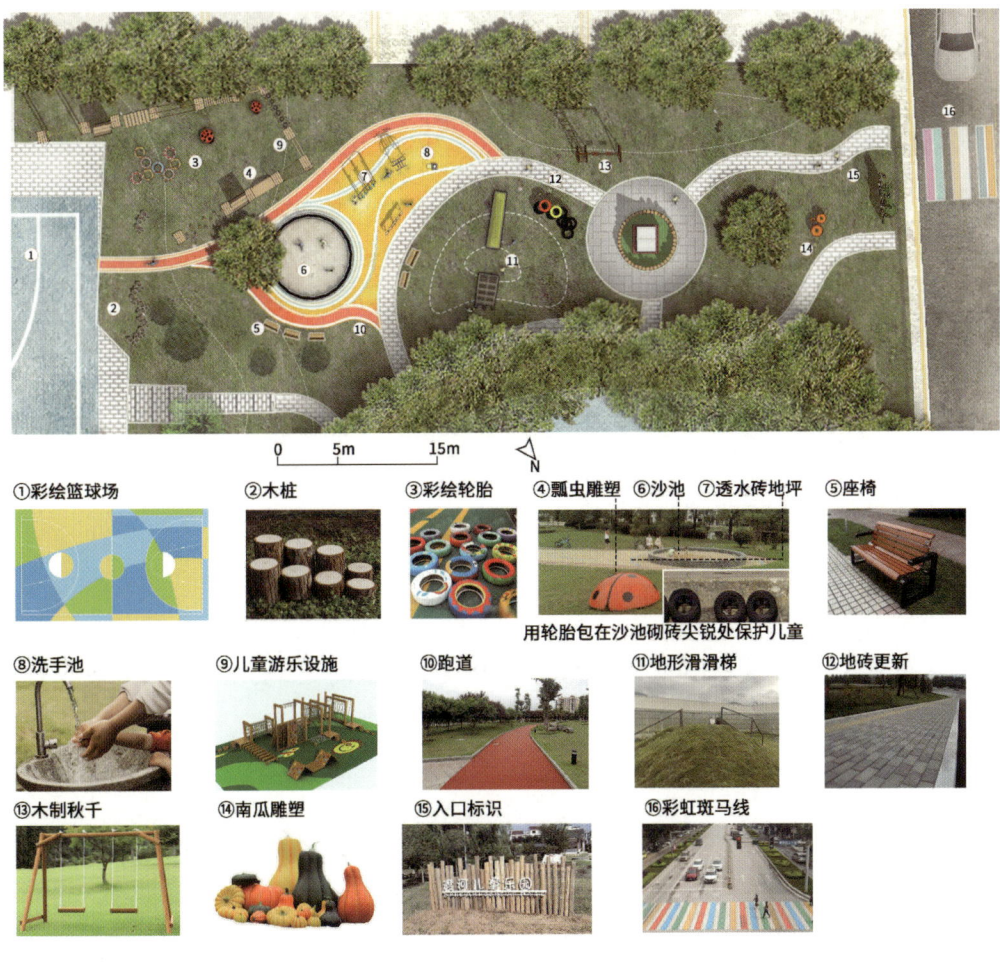

图4-6 儿童乐园平面图

对儿童友好：乐园提供各年龄段儿童适用的游乐设施，如幼儿秋千、木桩、彩色轮胎等，满足不同年龄段儿童的需求。融入自然元素，如沙坑、草地、瓢虫南瓜雕塑等，让儿童可以亲近自然，进行探索和游戏。

安全实用：游乐设施由当地专业工匠根据场地实际情况定制，符合相关标准和规范。滑梯高度适中，周围铺设柔软草皮，防止儿童在玩耍过程中不慎摔倒受伤。道路采用防滑、平整的材料，如彩色地坪、透水砖。对外主要道路设置斑马线，保障儿童通行安全。水池边设置护栏、种植植物进行隔离,并设置防护栏或警示标识,防止儿童不慎落水。

自然美观:保留乡村公园的自然风貌,种植适合当地气候和土壤条件的植物,为儿童提供一个接触自然、了解生态的环境。设置明亮、鲜艳的色彩装饰轮胎和入口标识,增加乐园的吸引力和趣味性。提供舒适的休憩设施,确保座椅位于树荫下,使儿童和家长在自然环境中得到放松。

经济实惠:根据场地大小和形状,进行科学合理的布局规划。充分利用自然地形,将小山坡改造成滑梯,于低洼地建设沙坑,减少土方工程的费用。利用乡村现有的自然资源和材料,降低建设成本。使用当地的木材制作儿童游乐设施,用木材制作入口标识。这样不仅能体现乡村特色,还能节省材料采购和运输成本。

群众参与:组建儿童乐园共同缔造小组,规划设计团队携手村干部、村民,运用"五共"的工作方法。规划师与村民共同讨论,开展多轮设计方案的意见征询;精选乡土材料,融入当地工匠技艺;鼓励村民参与建设和管理,保持公园的整洁和卫生。

公开透明:通过组织召开村民大会,向村民尤其是有孩子的家庭广泛征求对儿童乐园建设的意见和建议,将收集到的意见进行整理和分析,并在一定范围内公布,让村民了解大家的共同需求和想法。建设阶段成立共同缔造小组进行监督,监督小组定期召开会议,对工程进度、质量、资金使用等情况进行检查和评估,并将结果向全体村民公布。同时,利用渡河村乡情微信群、村委和村务公开栏等渠道,通过文字、图片、视频等形式,实时更新进度,让村民了解工程的进展情况,增强村民的信任。最后邀请多方参与验收并公布验收结果。

二、邻里互助中心

邻里互助中心是为村民提供日常集会、村民文化活动、乡村文化宣传、留守儿童教育等功能的乡村共享空间,是小组公共事务开展的活动阵地。

1. 改造目标

在村小组内寻找适合的闲置农房进行改造,由村民共同商议、探讨改造方案、参与改造,采用简单、乡土、朴素的建造技艺,打造小组级服务中心和公共空间。体现村民"五互"精神,即特长互学、困难互助、利益互让、环境互建、致富互带。

实现以空间为载体,发扬小组互助,做实治理单元,具体体现为以下三点。

(1)事有所为:作为第四、五小组村民的议事场所,供村民自治组织开展议事、集会、学习。

(2)老有所养:作为组内老人休憩、棋牌、健身的场所,远期考虑通过以奖代补购买养老服务。

(3)居有所乐:作为组内休闲娱乐文化中心,依托戏曲爱好者协会、书法爱好者协会,开展唱黄梅戏、写书法等传统文化活动。

2. 改造方案

邻里互助中心主要以室内空间为主，在房前屋后种植绿化植物、提供休憩空间，以空间为载体，做实治理单元，发扬小组互助精神，实现"事有所为，老有所养，居有所乐"。在渡河村，经过收集村民们的想法和开展广泛的讨论，了解到村民们希望邻里互助中心能承载三类活动：一是作为第四、五小组村民的议事场所，供村民自治组织开展议事、集会、学习；二是作为组内老人休憩、棋牌、健身的场所，远期考虑通过以奖代补购买养老服务；三是作为组内休闲娱乐文化中心，依托戏曲爱好者协会、书法爱好者协会，开展唱黄梅戏、写书法等传统文化活动。此外，还可以利用邻里互助中心的房前屋后，利用现成的石墩、树木等设置座椅，打造休憩空间。充分保护现有绿地或树木，利用陶罐、小轮胎等种植盆栽，美化房前屋后。

第五小组邻里互助中心设计的目的是提供室内休闲娱乐社交以及研讨集体事务的场所。这个中心是一个面积至少 50 平方米的空间，每天都会开放，方便大家使用。村民利用村里现有的空置房屋，将其改造为邻里互助中心。活动室内确保有足够的自然光线和良好的通风条件。设有一个共商共议区，配备桌椅和黑板等基本设施，供村民开会和讨论村务使用，同时，提供饮用水和杯子。考虑到老年人的需求，提供养老服务，例如开放棋牌室和提供唱歌设备，以丰富老年人的休闲生活。此外，设有共同缔造展示区以及村庄历史共忆区，配备各类书籍、老照片，包括农业技术、历史文化和儿童读物，以满足不同年龄人群的阅览需求。计划展示村里的传统文化，例如定期举办黄梅戏演出，通过举办民俗活动和手工制作展示等，让村民了解和传承本地文化。邻里互助中心旨在为村民提供一个方便、实用的活动空间，增进邻里间的联系和互助。第五小组邻里中心改造前后对比见图 4-7。

图 4-7 第五小组邻里中心改造前后对比

第五小组还依托闲置农房打造村民交流互动空间，用作黄梅手工传统体验区域，例如黄梅戏、米粑工坊等。依托第五小组的闲置农房，改造民俗文化体验场所，植入黄梅挑花、剪药、鱼面豆粑制作、戏曲表演等功能。见图 4-8。

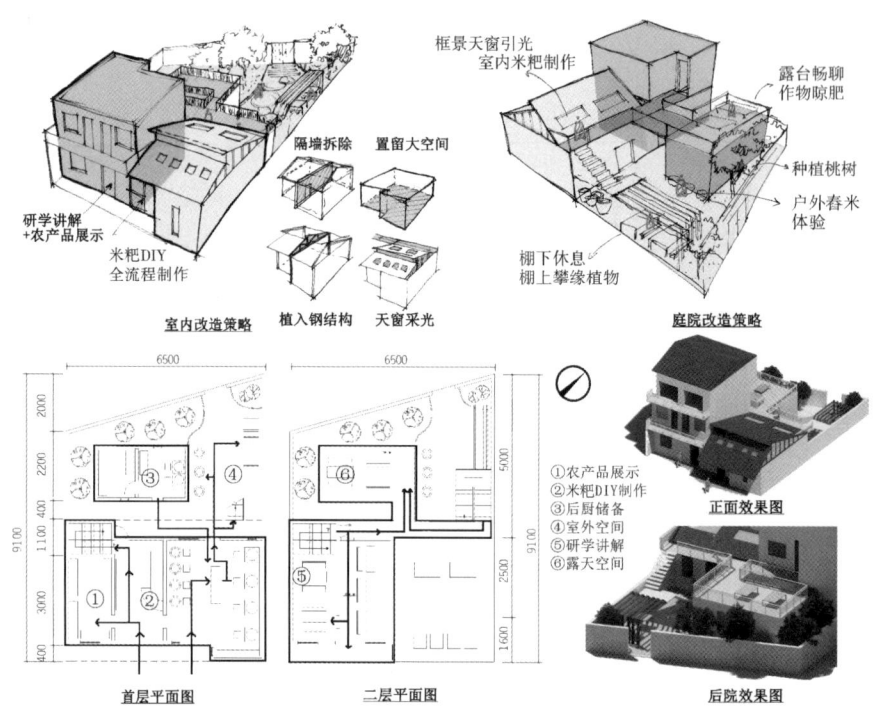

图 4-8 第五小组闲置农房改造设计

3. 运维机制

邻里互助中心、特色工坊的管理和维护需要形成长效制度，这需要在动工建设改造之前，就将村民参与前置。对此，应由行政村主要负责人统筹本村各组的邻里互助中心建设，小组长作为本组建设的第一负责人，并由村民选举成员成立邻里互助中心筹备建设小组。应建立村民议事机制，充分了解各类人群需求，发动村民共谋决定邻里互助中心建设形式（包括内部功能设置、外部形体改造等）。应广泛发动村民捐资捐物，合力共建邻里互助中心。以邻里互助中心为主要阵地，建立承接工青妇等群团和社会资源的下沉；建立村民共管机制，组织开展各类常态化活动，保障邻里互助中心开放时间与环境维护。

第二节 房前屋后微改造

村庄的房前屋后空间是私人空间与公共空间的过渡空间，既可以作为村民私人生活的延伸，也是村民相互交流的场所，承载着人们日常生活的方方面面，如邻里间的互动、小聚活动、儿童玩耍等。对此，应以房前屋后改造这类村民身边的小事实事为切入点，带动村民共谋共建共管，促进村庄人居环境提升、村庄社会关系和睦，实现美好环境与幸福生活共同提升的目标。

一、选点

房前屋后微改造以小菜园、小花园和小型公共空间为主，选点时应考虑四项原则。首先，位置要位于路旁，便于宣传和引导村民参与，增加可见度和村民互动。其次，规模要适中，既能够满足户主的需求，又不会占用过多空间，以保持整体环境的协调和美观。再次，户主必须有意愿和能力参与，确保改造的顺利实施和后期的维护。最后，户主应具备良好的沟通能力，社会关系和谐，以便协调邻里关系和共同维护空间的利益。

对于一个从未开展过房前屋后微改造的村庄来说，村民一开始会因为不了解此项做法的原因和优点，而不理解、不积极，这时需要先做出一个示范点，以"示范先行，分批推进"的工作步骤，逐步推进行动。

第一批的示范点宜精不宜多，通常由村委和设计团队主导选择。村委是村庄的一分子，其对于村庄的房前屋后使用情况以及各个户主是否易于交流情况都较熟悉；设计团队对规划设计的区位、尺度等要素把握较好。两者合作，从村庄全域出发，通过卫星影像与实地调研相结合的方式，进行示范点初步选取。然后与示范点户主进行意愿确认与出资出力协调，这个步骤通常以入户走访的形式进行，设计团队需要事先按照场地的实际情况进行初步方案设计，最好呈现出设计效果图，这样能够在走访时使户主对房前屋后改造后的情景有更直观的印象，增加其作为示范点的意愿。最后，根据选点原则，在第一批示范点中确定最容易推进的1～2个房前屋后空间，进行下一步设计与改造。

二、设计

房前屋后微改造强调因地制宜，按照"堆整齐，码好边，高处种花，低处种菜，门口种花，墙下种菜，小桥流水，财源滚滚，花团锦簇，喝茶聊天，瓜田李下，欢喜人家"的设计意向，根据地形和环境特点进行布局设计，使得每一处空间都充满生机和活力。另外，公共空间改造强调可进入性，要充分考虑村民的日常生活聚集空间，将此类空间设计成为既有休憩设施又安全可靠的公共空间，以满足村民的需求并促进村民活动的开展。

设计方案是改造房前屋后的操作手册和蓝图，需要在改造开始前便呈现大致的效果图。有别于传统的景观设计，此类设计不仅需要在要素种类与布局上进行谋划，还需要对要素来源进行挖掘，因此需要设计团队与村民、村委共同谋划并敲定。要素种类与布局按照改造原则进行设计，需要充分考虑村民的使用需求与审美需求，即兼顾实用性与美观性。例如，设计团队可以先向村委了解村民的大致情况，进而通过走访村民了解其家庭情况与常住人口情况，询问其对改造方案的需求与想法，再反复地谋划设计方案。要素来源则需要村民的建言献策以及设计团队的实地调研。例如，房前屋后改造所需要的建筑材料如砖块、石块、瓦片等，可以寻找村庄里是否有相关废弃材料；改造出来的小花园、小菜园、小公共空间的植物配景，可以使用本地花卉、蔬菜和树木，在改造的过程中不断根据实际情况优化设计方案。

三、部分节点改造

节点1：於海牛家小菜园（第四小组）

户主夫妻在广东务工，由留守家中的两位老人负责照顾一个上小学四年级的孙女。就场地现状而言，户主门前的小菜园主要种植一些自家食用的蔬菜，而旁边则堆放着柴火、瓦罐和建材等杂物。针对户主的需求，他们希望能够为孙女打造一个小秋千，并且保留目前已有的蔬菜种植区和菜垄。

设计方案（见图4-9）充分考虑户主的需求、现有材料以及使用的流畅性等因素，使整个场地更加美观、实用和具有生活气息。首先，保留原有菜垄，并在周围铺设红砖小路，这样可以提升整体的美观度，同时方便户主和家人在菜园中行走。用竹篱笆与小竹门进行围合，既能保护菜园不受外界干扰，又为其增添一份田园风情。其次，在原有空地放置秋千，为户主孙女提供娱乐活动的场所，同时在柿子树下因地制宜堆砌石头座椅，供户主家人及邻居休息。这样的设计既满足了户主的需求，又充分利用了现有的自然资源。另外，利用废弃的瓦罐打造景观小品，可以增加菜园的趣味性和独特性。同时，在菜园的边角种植一些花卉，不仅可以美化环境，还能吸引蜜蜂等益虫，有助于提高菜园农作物的产量和质量。

於海牛家小菜园改造前后的对比见图4-9。

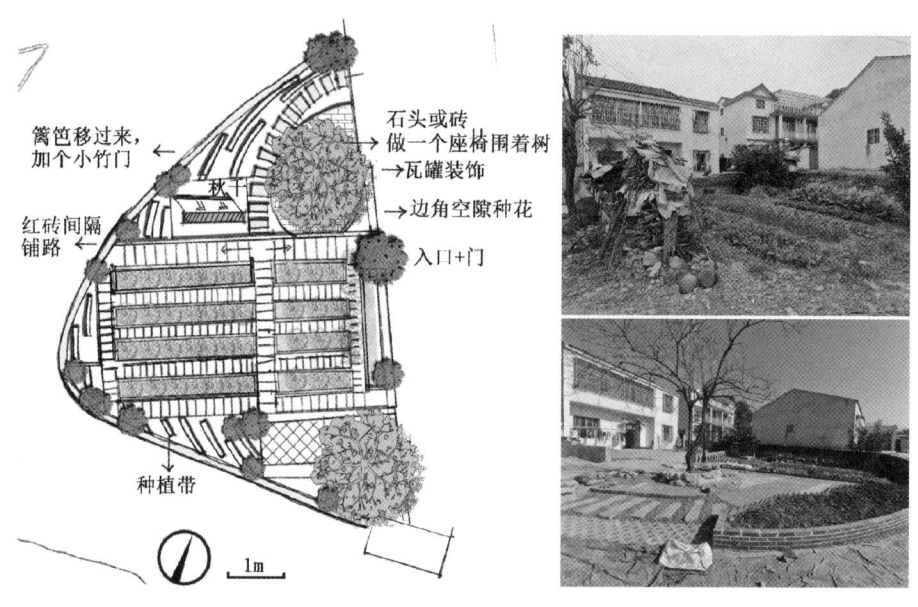

图4-9 於海牛家小菜园改造前后对比

节点2：程向阳家小菜园（第五小组）

程向阳夫妇原本在广东打工，近些年由于身体原因和需要照顾老人，选择返乡。他们目前种植了30棵优质梨树，还有一些柿子树、柑橘树、李子树、无花果树等，二人均在附近工地做工，有做农家乐的打算。程向阳夫妇希望在小竹林处做一个可以乘凉的小亭子，把门前的小水塘改造成能够养鱼的水池，把门前有杂草的空地改造成小花园。在不砍树的情况下种满花，与门口的果园衔接起来，让来摘梨子的人有一个好的休憩环境。

设计方案（见图4-10）充分考虑程向阳夫妇的需求，在竹林处就地选材修建凉亭，以竹林与竹亭命名为"幽篁里"，符合乡土气息和耕读文化传统；保留原有果树，在梨树园里修建红砖步道，向深处延伸修建汀步，方便采摘的同时保证雨水下渗；保留菜地，修建菜垄进行分隔，方便享用自家新鲜蔬菜；在原有门前水坑的基础上修建叠石鱼池，底部接触土壤、四周红砖石灰硬化，以叠石装饰；右侧花池利用红砖垒叠，改变原有长方形，形成富有层次感的花池。合理利用门前空地划停车位，方便停车。

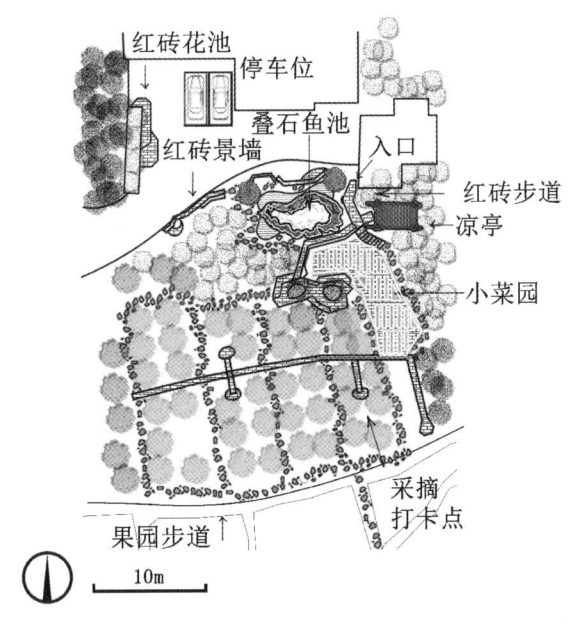

图4-10 程向阳家小菜园设计图

节点3：邻里和睦空间（第五小组）

第五小组有一块小空地，周围邻居常常聚集在这个地方站着说说笑笑，邻里之间关系十分和睦。这片小空地由几户人家的农房围合而成，附带一块规模较小的菜园，旁边堆放着砖瓦和杂草。小空地的户主及其邻居希望在聊天时有凳子可供休息之用，并且希望在过年时能有地方可以停放车辆。

设计方案（见图4-11）从美观性、便利性和实用性出发，对该空间的墙面、设

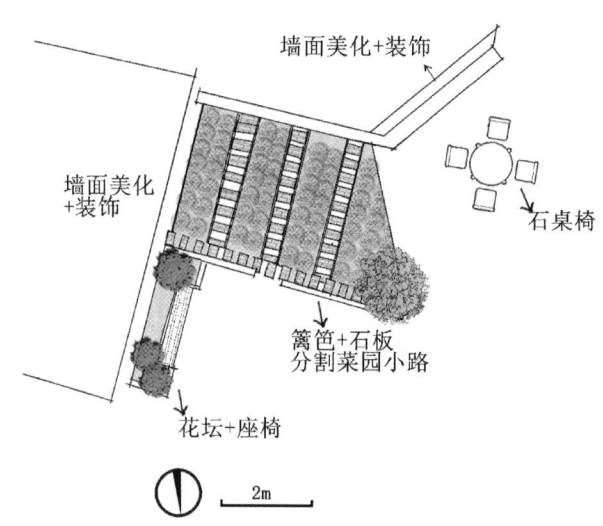

图 4-11 第五小组邻里和睦空间节点设计图

施、菜园等进行了细致设计。首先,为了满足过路村民休息的需求,团队在菜园边用砖头修建了一个带花池的小长椅,不仅提供了休息的场所,还通过在墙面进行彩绘来美化整个区域。其次,在中间的空地摆放了一套石桌椅,方便邻里间聊天娱乐时使用。再次,在两面墙壁上进行墙绘装饰,为整个空间增添生机和美感。最后,方案对小菜园进行简单分隔,使用石板拼出小径,并用篱笆进行围合,既保护了蔬菜的生长环境,又美化了菜园。

第三节 公共空间改造

节点1:儿童苗木基地

儿童苗木基地位于普度广场旁,原本是一片人工种植的小树林,但长期缺乏管护,目前呈现荒芜状态。

设计方案兼顾实用与美感,利用自然环境,为村庄儿童提供一个实践学习的场所,以促进他们对自然的认识和保护意识的培养。团队使用废弃的大理石板铺路,从而便捷通行,方便树木种植管理。外围使用红砖和木篱笆分隔,既有效保护苗木基地,又不影响空气和阳光的流通,有利于树木的生长和发展。

儿童苗木基地节点改造前后对比见图4-12。

图4-12 儿童苗木基地节点改造前后对比

节点2：第五小组危房旁空地

该空地位于第四小组与第五小组的交界处，原本是一座无人居住的泥砖危房的附属用地。户主同意将周边空地作为公共空间。

设计方案综合考虑了村民对公共空间的需求、村庄文化展示需要和美观的要求。方案总体采用石条铺地、红砖围边，并抬高地面，加入排水管道。方案还使用村内废弃长石条搭建板凳，为村民提供休憩场所。最后，方案利用危房外墙立面，展示从村民家中征集来的老物件，并悬挂"渡河"二字提高村庄标识度。

第五小组危房旁空地节点改造前后对比见图4-13。

图4-13 第五小组危房旁空地节点改造前后对比

节点3：第四小组共享菜地

该场地为第四小组的一处闲置宅基地，目前尚未建造任何建筑物。户主愿意将其用于节点打造。该宅基地中间有一条土路，垂直连接第四小组的两条主路，并通往第四小组小广场。村民希望将其改造为共享菜地，并将中间土路修建成石板路，从而方便村民通行。

设计方案（图4-14）充分考虑了村民的需求和功能性。首先，采用了废弃石条铺设道路，将连接第四小组的两条主路，从而提高交通便利性和村民的出行舒适度。其次，利用两旁的空地开垦为共享菜地，不仅为村民提供了种植蔬菜的空间，也充分利用了土地资源。为了方便耕作，菜地中还使用石板铺设小径，使耕作更加便捷。此外，为了防止雨水淹没菜地，设计中还考虑开挖排水沟，确保雨水顺利排出，保护蔬菜的生长环境。

图 4-14　第四小组共享菜地节点设计

节点 4：第七小组大樟树下公共空间设计

该空间位于第七小组至丝瓜基地路旁边，空间较为舒适，经常有许多村民在树下聊天，周边场地一般会用来停车以及操办酒席。村民想将该空间改造为公共空间，供居民休憩、游玩，且在必要时用于操办酒席。旁边房屋还可利用该公共空间的人气做些小生意。

设计方案（图 4-15）主要满足三个功能，一是休憩空间，二是展示空间，三是活动空间。大樟树下休憩空间的座椅设置，尽量就地取材，利用木头与石灰做出上下层次的造型；利用大樟树与房屋墙面设置可拍照、可取景的打卡点，展示禅宗文化；同时满足停车、操办酒席的需求，规划停车位，其颜色根据展览空间确定。

图 4-15　第七小组大樟树下公共空间设计

第四节 产业培育与联农带农

渡河村产业发展围绕农业发展和休闲体验两方面展开（见图4-16）：农业发展包括水果和丝瓜的种植、销售与采摘的体验。休闲体验围绕农耕体验、文化体验和食宿服务开展。产业培育的思路立足打造本地品牌、组建合作社、提高产品附加值等方向，致力于实现联农带农，让村民共享发展成果。

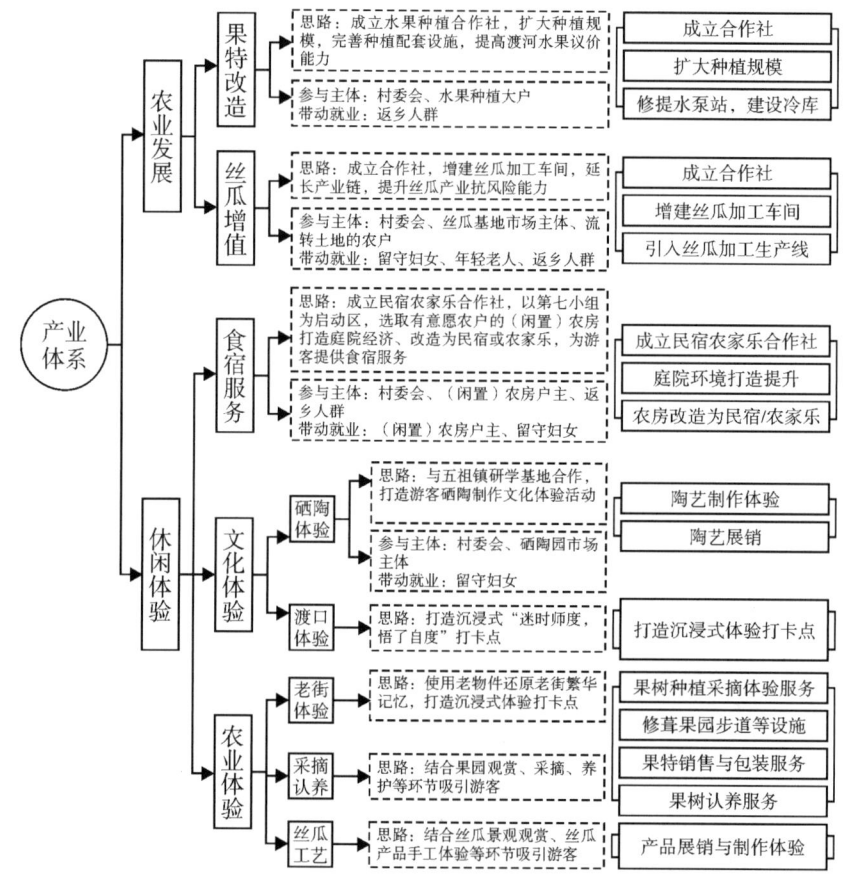

图4-16 渡河村产业发展计划

一、品牌打造

打造视觉传达系统。视觉传达系统主要包括LOGO和包装，其中LOGO设计（见图4-17）囊括"禅宗""师""生""渡河"等元素，贴近日常生活，传达禅理念。

该 LOGO 可作为渡河的特色水果、丝瓜与硒陶等农产品或工艺品的标识。

图 4-17　渡河村 LOGO 示例

二、水果种植与销售

渡河村有"渡河梨",品质上乘,声名远扬,还有柑橘、桃等特色水果。一年四季都有花可看、有果子可吃,称得上是"四时有花、四时有果"。为促进特色水果产业的发展,需要针对现有的水果种植进行改造,支持种植户成立合作社,完善种植配套设施,拓宽多元市场渠道以促进收益。

鼓励水果种植户成立合作社。依托村委会,将渡河村内的水果种植户群体组织起来,成立一个水果种植合作社。合作社将负责协调与供销社的合作关系,提供农机、农药、种子等农业服务,同时提供果树品种更新、果树养护等农业培训服务,以及电商销售等相关培训服务。为种植户提供更多的支持和服务,帮助他们提高种植技术水平,增加产量,提升市场竞争力。

完善种植配套设施。动员合作社内的各水果种植户共同出资出力建设果园提水泵站、田间储存冷库等配套设施。这些设施的建设将有助于提高果农们的生产效率,延长水果的保鲜期,减少损耗,从而提高整体产值。

扩大种植规模,进一步带动返乡人群就业。在合作社的基础上,采取适当的措施,合理扩大现有种植规模,通过引进先进技术和管理经验,提高水果产量和质量,增强市场议价能力。这将为当地提供更多的就业机会,特别是吸引返乡人群就业,推动地方经济的发展。

三、丝瓜种植与加工

吸收村庄中有能力的村民成立合作社,并由村委会提供支持和指导。合作社负责对接丝瓜基地的市场主体,协调土地流转事宜。通过合作社的模式,可以更好地整合资源，提高种植效益，实现产业链的优化和升级。

重点生产丝瓜瓤产品，如洗碗刷、洗浴擦、蒸笼布等日用消耗品。这些产品具有广泛的市场需求，丝瓜瓤作为原料具有丰富的天然纤维和较强的清洁能力，适用于制作各种清洁用品。

建设丝瓜加工车间，以提高丝瓜的附加值和市场竞争力。将废弃的小学建筑场地改造成集丝瓜瓤产品加工、产品展销、制作体验等功能于一体的综合农产品生产空间。这将能够为村民提供更多的就业机会，同时促进村级丝瓜产业的发展。

鼓励留守妇女、有劳动能力的老人和返乡人群进入丝瓜基地和丝瓜车间灵活就业，通过培训和技能提升，使他们能够参与丝瓜瓤产品的生产和加工，增加家庭收入，改善生活条件。

四、研学旅游策划

渡河村具有发展研学的优势条件：一是作为全省共同缔造试点，在省内具有知名度，有一定的内部接待需求。二是依托五祖镇一家发展成熟、有市场资质的研学基地——向日葵研学基地，近期可以考虑将渡河村纳入其研学产品体系。三是具备专业的师资力量和人才储备，包括中山大学驻点支持，以及在团省委支持下开展暑期托管引入的大学生师资团队。

在主题设计方面，定位为乡村生活教育、乡村振兴课堂、自我成长之旅。

在空间布局方面，以党群服务中心为综合服务中心，另划分采摘体验、民俗体验、耕读体验、手工体验等功能区。

1. 综合服务中心

研学课堂（依托党群服务中心）：可引入向日葵研学基地（近期），打造可容纳30～50人（小班）的研学课堂。可以依托党群服务中心三楼/文化礼堂，植入培训授课、圆桌讨论、模型展示等功能。对空间的要求包括：开阔的场地，可灵活布局的轻便桌椅，以及一套多媒体设备。

黄梅戏体验：可借助黄梅县老年大学、戏曲协会的资源，打造黄梅戏文化学习、培训、表演的体验空间。可以利用村部文化礼堂或小组邻里中心，感受黄梅戏，学习黄梅戏基本知识，包括乐器、唱腔、经典剧目、角色、戏服纹样等；聆听黄梅戏，由专业老师表演黄梅戏经典桥段；体验黄梅戏，尝试黄梅戏妆发，由专业老师指导学习并模仿简单的戏曲唱腔和身段；黄梅戏DIY、黄梅小扇、黄梅积木、人物填色等。要求有开阔的场地，以及舞台灯光设备、换衣间等。

2. 采摘体验功能区

特色水果基地：发挥渡河村"四时有花、四时有果"的优势，依托渡河村现有梨园、桃园，将其改造为水果采摘、特色饮品和福果销售的基地。采摘果园应规划步道、采摘区、凉亭、观景台、冷库（可选择）等。

3. 民俗体验功能区

挑花工坊：可引入洪绣娘挑花体验馆的资源，打造黄梅挑花非遗传承、手工 DIY 的体验空间。可以利用文化礼堂或小组邻里中心，打造手工作坊，帮助妇女灵活就业；打造大师工作室，非遗传承人进行艺术创作；打造学生研习社，用于学生研习、制作体验、作品展销。要求门窗采光面积大，光线充足，并配备有长桌/织布机等。

硒陶园：依托东山硒陶产业园，植入核心功能，包括陶艺拉坯、泥塑、釉绘、粗陶烧制等工序的体验车间。要求设有活动教室（配拉坯机）、烧制间、展销区、晾晒场和餐区。场地能容纳200人的大班或50人的小班。

4. 耕读体验功能区

稻田摸鱼：引入谦益农业，充分利用稻田资源，植入田野劳动、食育体验、乡野趣玩等功能。孩子们赤脚踏入水田，亲手插秧，体验农作的辛劳与乐趣，增添对大自然的敬畏与好奇。体验摸鱼的快乐，并将收获烹饪成美食，让孩子吃上辛勤劳动的成果。

耕读书屋：可改造第四小组危房（废旧理发店），植入村阅览室、国学课堂和村史展览等功能，要求建设阅览区、授课区和展览墙。

5. 手工体验功能区

丝瓜车间：依托"丝情画意"丝瓜基地，植入三大功能，一是丝瓜种植，方便村民灵活就业；二是丝瓜瓤加工，如蒸笼布、洗碗刷等；三是展销体验，包括产品展销、丝瓜烙制作体验。

米粑工坊：依托渡河村五组闲置农房，植入两大功能，一是美食 DIY 区，包括米粑、油面等，复合用餐功能；二是授课功能，可利用场地开展黄梅传统美食教学活动。

五、食宿配套服务

1. 农房风貌提升

规划考虑村庄风貌与周边环境相整合，打造富含地域特色和文化内涵的景观，具有一定的连续性和一致性。以农房改造为契机，一是解决村内存在的危房问题，提升村内安全指数；二是改造村内"赤膊房"，提升村庄整体风貌，为乡村旅游发展奠定基础；三是充分挖掘特色空间院落，打造乡村民宿。

开展持续清理工作，拆除乱搭乱建、违章建筑；拆除废弃猪牛栏、露天厕所；清理垃圾杂物；拆除非法违规广告、招牌等；整理电线、网线和电视线路；为后续农房升级改造提供基础；开展日常维护工作，对村庄危房、闲置房进行维护，保证结构安全；保持墙面干净整洁；开展房前屋后改造，进行小花园建设、绿植点缀等。

以农房风貌改造助力乡村旅游、研学产业发展。对于存量类农房，分别对破旧民居、传统民居、"赤膊民居"、贴面民居进行改造提升，在保障房屋结构安全的情况下以低成本、生态宜居为目标进行风貌提升，增添五祖黄梅花窗等文化元素。对于新建类农房，在建设时以山墙、屋脊、立面为重点，打造符合渡河传统特色的民居，实现文化宣传与民宿经济发展。

2. 农家乐和民宿

围绕产业发展食宿服务，分近、中、远三期展开规划。

近期规划拓展庭院经济与简单食宿功能，以第七小组有意愿改造的农户为示范，利用本地特色资源，发展庭院经济、民宿、农家乐等，以服务散客、参观接待为主，承接周边问梅村、五祖寺的外溢游客或采摘游客。

中期规划扩大民宿、农家乐等经营规模，通过水果种植、渡口等资源、景观打造，与周边问梅村、五祖寺共享旅游市场。同时建设旅游配套设施，如游客服务中心、扩建停车场、公厕等。

远期规划将渡河村打造成为极具特色且集观光、餐饮、住宿为一体的乡村旅游地，引入专业旅游公司与运营团队，形成比较成熟的旅游体系，组织闲置农房户主成立民宿合作社进行民宿升级、运营，配备齐全的各类旅游设施服务，促进农户增收。

通过"公司+合作社+农户"的方式进行民宿农家乐开发，具体分工如下。

农户：农户将闲置农房、闲置宅基地等资产折资入股合作社，按股比获取收益。实现本地就业，获取薪金。

合作社：农户闲置农房和宅基地由合作社统一租赁后，统一对外招租发展民宿与农家乐项目。合作社引入旅游公司开发，将集中的闲置农房、宅基地等资产经评估后入股旅游公司，按股比获取收益。

旅游公司：负责整体旅游策划和开发建设。

第五章

机制体制

本章内容

本章探讨渡河村"共同缔造"的机制体制，涵盖统筹协调、以奖代补、群团组织下沉、群众激励、议事协商及乡规民约等方面，旨在构建共建共治共享的乡村治理体系，保障规划建设的可持续推进，实现乡村长效发展。

第一节 统筹协调机制

共同缔造是一项系统性工程，其涉及面广、综合性强，需要建立党领导下的"纵向到底、横向到边"的组织体系。该体系以区县为龙头，通过成立专门的工作机构、领导小组，建立相应的共同缔造工作机制并制订配套工作方案。

纵向到底的工作机制如图5-1所示。

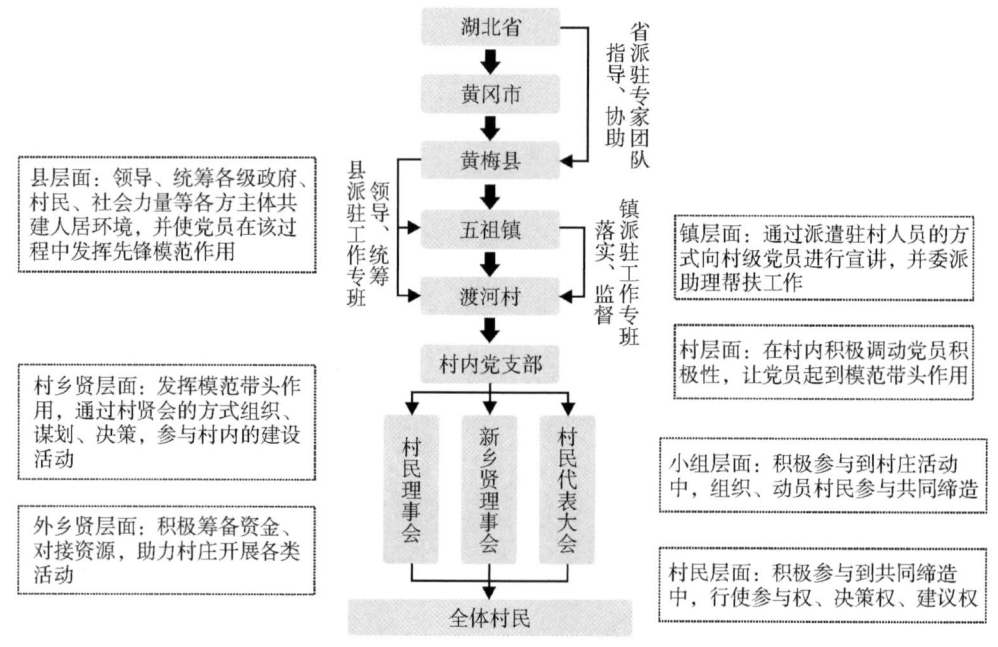

图5-1 纵向到底的工作机制

横向到边的工作机制如图5-2所示。

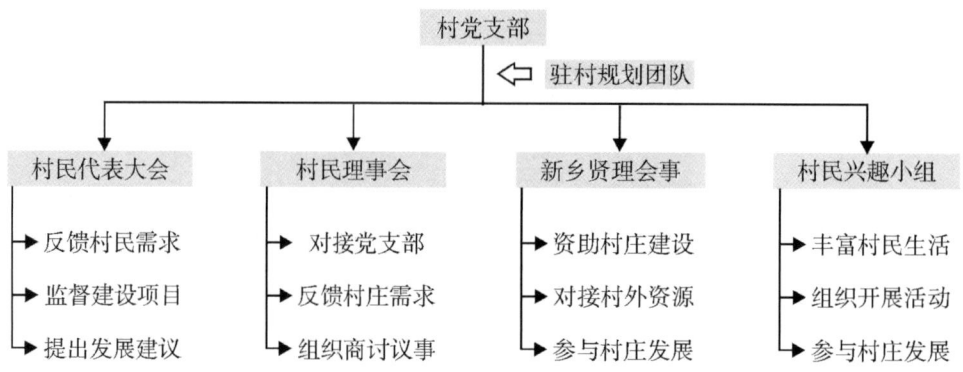

图5-2 横向到边的工作机制

第二节 以奖代补机制

一、群众意见收集、分类办理的工作机制

建立自下而上的群众意见收集机制，尽量使问题在基层解决，基层没能力解决时往上报，县、镇、村建立工作台账进行管理。建立自上而下的事项反馈机制，已办结的反馈办结情况，未办结的说明进展情况，无法办理的依规依法作出说明。坚持群众主体，以下评上，围绕"响应率、办结率、满意率"，对群众意见需求办理情况进行评价。将群众评价结果与干部考核挂钩。其流程见图5-3。

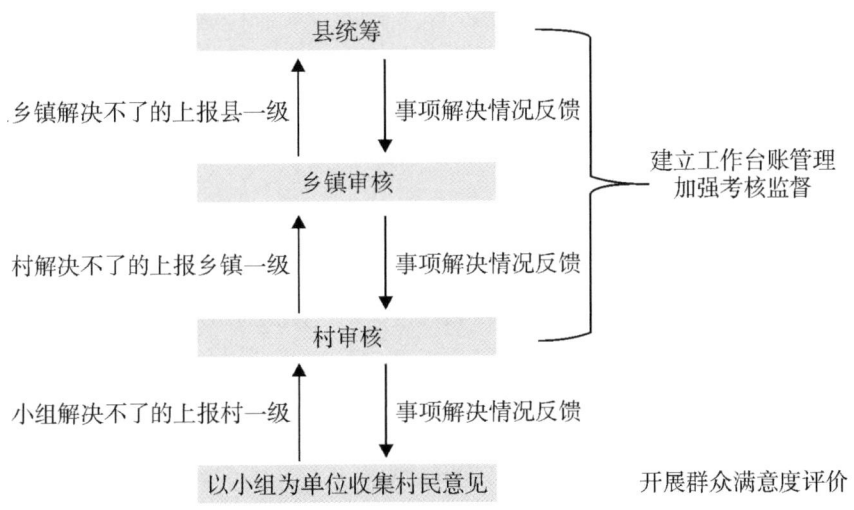

图5-3 群众意见收集、分类办理的工作流程

二、以奖代补项目管理办法

以奖代补主要用于共同缔造中的小型公共建设项目，指可操作性强、可发动群众参与、可让群众得到实惠的小额公共事项的项目，包括基础设施建设、环境整治、惠农服务、群众文体活动、基层社会治理等方面。县财政统筹县直相关部门用于支持城乡社区基础设施建设、人居环境改善、公共配套设施维修改造等相关方面的资金，设立资金池。其流程如图5-4所示。

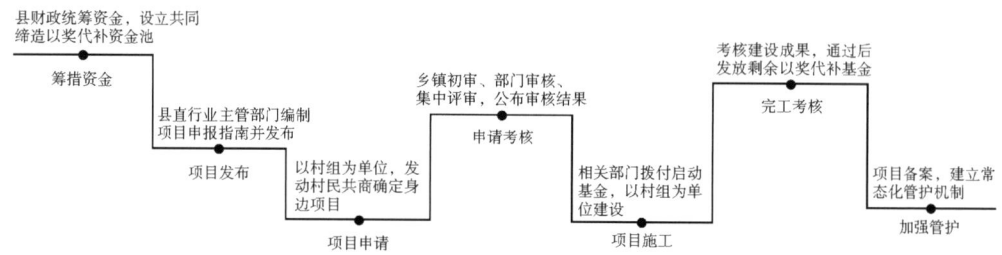

图 5-4　以奖代补项目管理办法

三、小额工程招标制度

根据《乡村建设行动实施方案》，对于不同类型的基础设施工程项目选择不同的工程流程，优化项目实施流程。对于按照固定资产投资管理的小型村庄建设项目，按规定施行简易审批。对于采取以工代赈方式实施的农业农村基础设施项目，按照招标投标法和村庄建设项目施行简易审批的有关要求，可以不进行招标。对于农民投资投劳项目，采取直接补助、以奖代补等方式推进建设。对于重大乡村建设项目，严格规范招投标项目范围和实施程序，不得在法律法规外针对投资规模、工程造价、招标文件编制等设立其他审批审核程序。

第三节　群团组织下沉机制

县财政给予群团组织一定的资金支持，推动工会、妇联、共青团下沉到基层，在城乡社区带头人的协助下，组建工人/妇女/青年互助小组，每个村民小组（居民小区）有一名工人/妇女/青年联络人，能够发动组织工人/妇女/青年参与村（社区）公共事务。

充分利用党群服务中心、村（社）议事厅及广场、亭、角、廊等公共空间。定期组织工人/妇女/青年召开讨论会，集中筹划工人/妇女/青年关心的公共事项。由群众"点单"，确定真正需要的服务内容，形成服务下沉清单。根据清单内容，形成定期开展的几项服务，如"两癌筛查"、技能培训、文娱活动等，提供常态化服务（见图 5-5）。

	工会	妇联	共青团
设组织	建立工会委员会/联合会"六有"标准规范化建设	加强妇联执委队伍建设 成立妇女小组/邻里互助组	健全完善村级团组织建设 鼓励成立村青年互助组织
定时间	确定收集、开会、培训、帮扶等时间	确定"回娘家""两癌"筛查等时间	确定志愿服务、交流沟通等时间
定场地	村委会 技能培训 常态化帮扶和送温暖	党群服务中心 村广场、亭、角等 乡镇卫生院	党群服务中心 议事厅及广场 村庄志愿服务点
给激励	经费保障 荣誉奖励 纳入考核	突出组织奖金激励 荣誉证书 考核内容	志愿者工作专项 星级志愿者 优秀青年志愿者

图 5-5 群团组织下沉机制

第四节 群众激励机制

一、积分激励制度

围绕房前屋后人居环境、道路、污水等基础设施的建设与管护，采取合理的评价标准和激励约束措施，建立动态管理、操作性强的积分体系，广泛发动村民参与其中。

案例：上海市奉贤区探索"生态村组·和美宅基"积分制

2017年，上海市奉贤区提出以村民小组为单位，开展"生态村组·和美宅基"创建工作，积分达标后给予一定奖励，促进组内村民自我管理，加强生态和美村组建设。

三年多来，共拆除违法建筑近652.38平方米，清除违法违规企业和宅基违法经营2954家，整治河道4336条，拆除旱厕8108处、田间窝棚3067处，清运垃圾近25.09万吨，新增绿化面积315.36平方米。"生态村组·和美宅基"积分制，提升了村民的自治意识，吸引了多元力量参与到乡村治理中，有效改善了村组风貌，形成了共建共治共享的格局。

二、共评共管制度

围绕道路、垃圾、污水等基础设施的建设与管护，采取合理的评价标准和激励约束措施,建立动态管理、操作性强的积分体系,广泛发动村民参与其中。通过积分激励村民开展垃圾分类,从源头减少垃圾;以小组为单位,围绕环卫设施的管护,制定分工办法与约束措施,发动村民共同参与;以小组为单位,组织群众协商共谋房前屋后评价指标,而后发动群众共评,评比结果与积分制挂钩;表现突出的居民可获得积分,积分可到党群服务中心换取实物。

公私分明,发动群众管好房前屋后,保洁员负责公共空间。针对目前保洁员"钱少事多"的现状,以小组为单位,组织村民协商划定责任区,各家管好房前屋后,保洁员只负责公共区域的整洁与垃圾清运。

第五节 群众议事机制

议事范围主要包括与村民切身利益密切相关的事项,村民反映强烈的有关社会福利和村民权益的政策措施制定与调整等。在议事流程上,由会长召集与主持,宜每月开展一次;提前安排,紧急情况可临时召开;保证议题相关人员参加;结果现场公布。在议事要求方面,需要满足以下条件:①符合公共利益;②围绕村民普遍关心的问题;③"一事一案、实事求是、简明扼要";④底数清、情况明,意见合理可操作。

第六节 乡规民约

乡规民约属于非正式制度,是群众自治的一种重要形式,有助于规范群众的行为,维护社会秩序,预防和减少社会矛盾和纠纷。群众围绕移风易俗、农房建设、公共建设等方面逐条讨论,形成共识和公约,可以增强群众的自我管理、自我教育和自我服务能力。

第六章

规划实践的思考

  本章汇集了参与乡村规划的学生和基层干部的实践感悟。从理论探讨到实地行动，他们在实践中深化了对乡村规划的认知，体会到了其复杂性与独特价值。乡村规划实践不仅提升了学生的专业技能与解决问题的能力，也增强了他们的社会责任感和使命感。

第一节　绝知此事要躬行

2023年10月中旬，中山大学的师生团队来到黄梅县渡河村，与渡河村村民一起编制规划。经过这段时间以来的驻村服务，我有以下三点感想。

一是向群众学习。作为高校的博士生、硕士生，在以往的社会实践中，我们常常带着一种帮扶的态度来到乡村，低估了村干部、村民的智慧。

就拿两包水泥的故事来说：村支书深刻认识到乡村振兴不应该一味依靠政府投入。为了让群众自己动起来，他在村里的第四小组放了两包水泥，告诉村民这是用来做共同缔造的。村支书还说，即使有人偷了，他也觉得没问题，因为水泥不能吃，只能拿来做事。第四小组几个村民取走水泥之后，把组内一直想盖住的水沟硬化了。村支书到场表扬了村民，村民们也很开心，村民们最后做完村支书还多给了两包水泥。

再拿修桥的事情来说：一开始我们都习惯性地认为，给了项目就能很好地解决村民们的问题。在一次讨论会上，我们把问题抛出来给村民。第一组小组长於艳斌是做泥水的工头，建多建少他心里其实有一本账。於艳斌当即告诉我们，修一条这样的便桥，只要30万～40万元，而且村民自己也能修。从没有村民到村民参与，预算成本大大减少。

还有小菜园的事情：我们给群众的小菜园围上篱笆，用的是铁丝；群众自己围上的篱笆，用的是稻草。相比之下，稻草既便宜又好看。实际上，群众的智慧是无穷的。

二是躬身入局。我们做研究的学者，置身事外易，躬身入局难。在这次共同缔造行动中，我们全程参与，真正把自己当成渡河村的一员，和村干部、村民一起做事，共谋共建共管共治。

在举办了两次儿童活动后，学生团队已经和村里的小孩打成一片。有一个留守家里的小孩，到现在还一直在给团队成员打电话，把学生团队介绍给村里的其他小孩。

同学们发动关系好的小朋友，"小手牵大手"，与他们的爷爷奶奶、爸爸妈妈一起讨论房前屋后小菜园的改造。我们与村支书一起商量，提出村委出材料、学生出图、村民出力、就地取材、投工投劳的计划。学生带着设计图纸，和村民一起讨论：杂物怎么放，要不要种花，取水怎么办，等等。做一条砖头路，村民浇菜的时候不会弄脏脚。做一点小装饰，让村民读大学的孙女看了愿意在家多待几天。这些都是我们和村民共同商量出来的。甚至还没开始做，村民就已经自觉开始清理门前堆放的杂物了。

为了宣传发动村民共建小菜园，我们在村委的支持下，加入了渡河在外务工的工友群。我们意外地发现：不少村民虽然长期在城市打拼，却对乡土保留了一份热爱和怀念。只要一个引子，他们都愿意为家乡建言、出力。有村民看到我们的倡议，给村里提出建议：对于环境的建设和后期设备的维护，村里在管理方面要提前制订一个方案，既不劳民伤财，又能让广大村民自觉爱护设施。这些都是我们没有深入就无法缔造的联系。

三是村民身边的每件小事，都是国家的大事。我们总以为，一个村里不就那么几件事情，实际上这些事情虽小，却都跟国家联系在一起。

就拿灌溉等问题来说：通过农田灌溉、果树喷药、当家塘管护这些村民身边最直接的变化，我们发现在应对气候变化的过程中，村民始终处于被动的地位。修提水泵站、修蓄水池，能解一时之需但难维持长久。涵养水源、恢复植被、提供农业种植技术培训则势必需要有为政府的加入。

再比如，我们在和村小组长讨论的过程中发现，即使是在现代化、城市化的过程中，乡规民约也没有失去其作用。修桥捐功德、孤老相抚恤、事以和为贵……这些约定虽然不成文，但都是国家意志、官方制度在民间的体现，在乡村治理中发挥着重要的作用，也大大节约了治理的成本。

最后我想说，作为学者，我们必须始终与国家需求和群众需求联系在一起，研究真问题，解决真问题。

工作日志附后：

渡河驻村日记 DAY 4

在渡河的第四天，慢慢熟悉了村里的干部和各小组的村民，从还是听不大懂的黄梅方言里，听出了"中山大学"几个字。

妇女盼望在家门口灵活就业，小孩盼望爸爸妈妈早点做完工回家，老人盼望每年上涨的医保费能稳定些。

有些事村里可以解决，有些事镇里可以解决，有些事县里才能解决，有些事仅靠政府是解决不了的，有些事涉及机制体制改革的深水区的难题。

共同缔造的着眼点，是村民关心的小事，但也是国家关注的大事。如何重构县以下的治理体系，还得从最小的治理单元做起。图6-1为规划团队的日常讨论。

图6-1 规划团队的日常讨论

2023年10月22日 于渡河

渡河驻村日记 DAY 5

在渡河村的第五天，习惯了不咸、不甜、不苦的湖北口味，在形形色色的人和事中体会生活禅，虽忙碌却也自在。

到现在县以下的行政组织，也并不是界限分明的科层制。一个普通村民的意见，有机会上达到县，前提是建立起村镇县一体的议事机制。一个普通村庄的问题，有机会向外借力，前提是明确村镇县各级主体的权责分工。

县是一个统筹和操作单元，已经不能沿袭省市自上而下传导任务的做法，而是应该探索怎样形成各主体的合力，推动问题的解决。同时也让群众看到，自己的意见能被尊重，自己能够做点事情。在这个意义上，县应该是推动共同缔造的主要阵地。

2023 年 10 月 23 日 于渡河

渡河驻村日记 DAY 6

在乡土社会，水是一个村庄的血脉。在渡河村，户户有橘柚之园，家家有茂林流水。嬢嬢、婆婆们在河水边洗衣服，在院子里的大缸中澄清苕粉。水可以说是村庄最灵动的一种空间要素。

哪里用水，哪里就有协作。千百年来，水利灌溉、田间管理、灾害防治，不仅是农业生产力，也是农民内生的一种组织形式。围绕用水和管水，村民之间形成了错综复杂、休戚与共的关系，也有了被组织起来的需要。

在渡河的第六天，看到团队的同学们一起在进步和成长。

2023 年 10 月 25 日 于渡河

渡河驻村日记 DAY 8

第八天，理解，成为，超越……图 6-2 为渡河村村民的集体活动。

图 6-2 渡河村村民的集体活动

2023 年 11 月 2 日 于渡河

渡河驻村日记 DAY 9

在渡河的第九天，又结识了很多活泼可爱的新朋友。在实践的过程中，每天都在重塑被书本和理论固化掉的思维模式：基层治理、返乡群体、技能培训……只有扎根基层的课题，才有强大的生命力。图 6-3 为规划团队的驻村日常。

今晚做模型的时候,有个婆婆说"你们真有缘"。一天下来,印象最深刻的竟然是这句有点土气的话。想想也是,五湖四海的同学聚在一起做事,和一个长得好像我爷爷的老人拉家常,在高铁上都能碰到认识的村民。人生的际遇真的很奇妙呀!

图6-3 规划团队的驻村日常

2023年11月3日 于渡河

渡河驻村日记 DAY 10

今天上午我们教小朋友摄影,收获了小迷妹和爱心。跟一个妹妹去到她家里,发现一个大人都没在,还有做不完的家务。妹妹说她不爱学习,但还是乖乖跟着我们在村部做作业。农村留守儿童非常需要关注和陪伴。这也是推动建立机制体制的一大方向。

晚上,围绕第一小组修桥的事情组织村民一起讨论。大家有事说事,发扬民主,这次会开得很实在。当村民自己说出"大家的事情大家做"的时候,我还是挺惊喜的。共同缔造注重的是过程,而不仅仅是结果。在做的过程中形成共识,比得到一个完美的解决方案更有意义,这或许就是吴良镛先生说的"复杂问题有限求解"!

2023年11月4日 于渡河

渡河驻村日记 DAY 11

在渡河村的第11天。村部主楼二楼成了小朋友们做作业的地方。从在乒乓球台边写作业,到走进村部写作业。从一个到两个再到四个,村里的妈妈、奶奶们都知道在这里找小朋友了。图6-4为村民走进党群服务中心。

我听到欣怡小朋友的暖心话语,美美地陶醉了一天。

我们的陪伴终究无法长久,建立解决农村留守儿童问题的常态化制度更重要。

幸福渡河　共同缔造

图 6-4　村民走进党群服务中心

2023 年 11 月 5 日 于渡河

渡河驻村日记 DAY 13

气候变化是一个全球性议题，从前总觉得它很遥远。但在渡河村的这段时间，通过观察农田灌溉、果树喷药、当家塘管护等村民日常事务的直接变化，我们真切地感受到了这些问题。坡坪水库水源减少，不仅直接影响全县北部和县城 50 万人的生活用水，还让灌溉用水成为村民的急难愁盼问题。

沿着坡坪干渠，我们一路北上，从 20 世纪 50 年代群众肩挑手扛建成的坡坪水库，到 80 年代修建的坡坪供电站（闸口），再到如今失修的提水泵站。这一路，我们看到了村民在应对气候变化时的被动处境。

农村是一个生产、生活、生态三位一体的完整人居系统。气候变化的影响，不仅是自然问题，更是经济问题和民生问题。高温干旱天气下，保障生活用水尚且困难，灌溉用水更是难以满足。而在农业现代化进程中，如果缺乏对小农的有效引导，他们很容易被迫采用环境不友好的生产方式。

修建提水泵站和蓄水池能解一时之需，却难保长久。如何积极应对气候变化？一个村庄的现象是缩影，但解决方法需在村庄之外。涵养水源、恢复植被、提供农业种植技术培训——这些举措必须依靠政府力量的介入。当改革遇到硬骨头时，更需要一个有为政府发挥作用。

2023 年 11 月 7 日 于渡河

渡河驻村日记 DAY 14

在乡土中国，乡村自治、家族宗法，以及依靠伦理建立的规范，曾在乡村治理中起决定性作用。乡规民约没有繁复的程序，治理方式简约高效，大幅降低了治理成本。

在渡河，我们观察到：修桥捐功德、孤老相抚恤、以和为贵处事……即使在现代化进程中，乡规民约仍未失效，反而在最基础的治理单元——村组中持续发挥作用。

然而，随着共同体的衰落和公共品的匮乏，部分传统的公序良俗正逐渐消亡。风起于青萍之末。小小乡约，亦是国家治理的根基。要重拾这些优良传统，既需重建共同体组织，也需为组织赋能。

是日立冬，记于渡河驻村第 14 天。

2023 年 11 月 8 日 于渡河

渡河驻村日记 DAY 18

对现代人而言，美好生活的愿景，无非安居与乐业。海子的诗曾写道："从明天起，做一个幸福的人，劈柴喂马，周游世界。"可见幸福往往源于美好环境，藏于房前屋后的点滴之中。

每个人都是改造人居环境、实现美好生活的主体。即使家境清寒的农户，也愿倾尽积蓄盖楼修房；古稀之年的老翁，如少女般热衷侍弄花草；普通村落的泥水匠，能刮出工艺精湛的稻草泥墙。然而，这种内生力量长期被忽视。

作为日常生活的空间，人居环境是"共同缔造"的最佳切入点。相比产业发展与组织建设，以环境改造为载体，更易凝聚集体行动。

便民厚生，在渡河的第 18 天，我们朝着这一愿景笃行。

2023 年 11 月 23 日 于渡河

渡河驻村日记 DAY 19

今年体感最冷的一天，莫名想起刘亮程在《寒风吹彻》中的话："落在一个人一生中的雪，我们不能全部看见。"是啊，即使对身边最亲近的家人和朋友，我们也难免有误会与埋怨。

就像顾童的爷爷一家。面对父母不在身边的孙女，老人管教格外严厉。9 岁的顾童能懂什么呢？总抱怨爷爷奶奶不理解自己，不愿待在家里。但我看到的却是：老人再辛苦，也从未亏待过孩子。

沟通小菜园的设计要求时，爷爷说不出具体想法。但当我提到"做一个让小孙女喜欢、让大孙女多留几天的小菜园"时，他笑了，仿佛想起了某些珍贵的亲子时光。那一刻，我感受到同学们的温度。

正午寻至古渡口，站在青石板上，抬眼竟望见五祖寺！想象当年四祖师渡五祖过河，志业相承；身后是上乡村民推着板车穿过城关，熙熙攘攘。渡河，在我心中又添了一分历史的厚重。

2023 年 11 月 24 日 于渡河

渡河驻村日记 DAY 20

从本科至今，我对专业和研究的认知已截然不同。曾做过社会实践，也参与过志愿服务。过去对农村总怀揣帮扶心态，对村民也只是静默观察。

其实村民自有智慧、力量。我们提出的共建方案，在村支书的设计下运转得更好。我们想到的管护方案，村民自己就提出来了。我们总想着要教化村民，却被村民反过来教育了。村民们值得我们学习的智慧还有很多！

刚入时老师就说规划工作者要躬身入局，到现在或许才真正理解。这段时间，我们和县里一起探讨机制体制改革，和镇里的干部一起工作，逐渐融入，成为村里的一员，也和伙伴们结下"革命友谊"。如果没有躬身入局，那便无法缔结如此深厚的联系。

在渡河的第20天，我们从参与式观察转向主动规划，感受到理论和专业知识的力量，也更加理解了规划学科和专业的使命。

2023年11月25日 于渡河

渡河驻村日记 DAY 21

在村委会的支持下，第一家小菜园的选址终于确定。

昨天与爷爷讨论完初步方案后，我们发现他已独自开始清理门前的杂物。那里堆着沉重的木板和几口大缸，我们提出帮忙，但爷爷坚持说："这不是你们的活儿，得等小组来搬。"

今天的亮点是"怪力女孩"於欣怡。几位小伙伴如约前来，一起帮忙清理场地。出于安全考虑，最后让孩子们用画笔在砖头上留下对欣怡一家的祝福。

我们深刻体会到，在村里，哪怕只是改造一小块菜地，也涉及建设、管理、维护等一系列规则。集体行动需要共同的约定，因此制定公约势在必行。

2023年11月26日 于渡河

渡河驻村日记 DAY 22—26

临近年关，村里渐渐热闹起来。有老人写春联，有奶奶晒腊鱼，还有人家在拆洗被褥，这一幕让我突然想家。

渡河的共同缔造始于一座桥。危桥修缮过程中，村里形成了"以奖代补"和意见收集机制，为县直部门和群团组织的工作提供了抓手。改革难免遇到阻力，有时甚至需要调整顶层设计。正如村支书所说："困难不怕，关键是要朝对的方向走。"

村民的生活习惯也在悄然变化。渡河人爱唱黄梅戏，村妇女主任李主任提起戏曲便滔滔不绝。村民自愿腾出的老屋，如今改造成邻里中心，成了最受欢迎的公共空间。听到村民唱起《海滩别》中的"萍踪浪迹几度秋"，游子之心，更添思乡之情。

村民的生活方式在变化。渡河人爱唱黄梅戏，村妇女主任李主任聊起唱戏滔滔不绝，村民让出的房子，现在改造成邻里中心，简直是最受欢迎的场所。认真听了一曲村民唱的《海滩别》，想起李白的诗句"萍踪浪迹几度秋"，浮云游子意，再次有点想家了！

村干部的转变也有目共睹。处理村内事务，村干部逐渐形成了一套自己的办法，也有了一支能办事的队伍。走在路上，围聚的村民跟他们打招呼，向他们说情况，跟他们提意见。他们关于农村工作的一些经验和见解，也让我受益匪浅。

这一周，也从一线干部身上学到很多。作为一个理想主义者，理想和现实有差距的时候，我很容易沮丧。但他们却始终在理想和现实中寻找平衡点，有着极强的韧性。和他们共事，渐渐有了战友的感觉。

在村庄发展的愿景中，或许未来还有经营民宿的小老板，开无人机喷药的果农，运营小红书账号的年轻人，研学旅游的学生，参观学习的干部。作为一个学生，能够参与和见证一个村庄的变化，比写好多篇论文更开心。

共同缔造是内功，无法一蹴而就；德润人心，也不在一朝一夕。镇上干部熊主任告诉我们，对比投项目打造的村，依靠共同缔造做的村，投入减少了六七十万元。我们相信，只要坚持共同缔造，渡河不需要复制哪个村的模式，也能走好自己的路。

2023 年 12 月 28 日 于渡河

渡河驻村日记：儿童乐园共同缔造 DAY 1

为什么共建很重要？真正的共谋，实质上发生在共建的过程。正是围绕具体的建设，我们才达成了共识、组织和制度。

共建往往要从村民关心的公共空间做起。在人口流失严重的农村，每一个小朋友都代表着村庄和家庭的未来。这也是为什么，我们选择共建一个儿童乐园。

共建的第一天，放线的时候最初只有我们和村支书、工匠师傅在进行，后面村里的小朋友加入拔草铲沙，最后家长们也陆续参与进来。大家累得瘫在一边的时候，好多小朋友在身边跑过，阿姨们则在一边大声八卦。图 6-5 为渡河村儿童乐园工作进度简报（第一天）。

最后想说，挥锄头好累！隔壁阿姨的体力像永动机般充沛，我们实在望尘莫及……

图 6-5　渡河村儿童乐园工作进度海报（第一天）

2024 年 6 月 1 日 于渡河

渡河驻村日记：儿童乐园共同缔造 DAY 2

今天一早，我们与村干部一起走访入户，经共同缔造小组商议，我们决定采取

"小手拉大手＋积分制"的方式，动员村民加入我们的行列（见图6-6）。

让小朋友带着妈妈奶奶一起挥锄头搬土块。每个努力做事的小朋友，可凭5积分到村里供销社兑换等值零售（5元）。小朋友们一听，全都抢着做，还拉上他们的妈妈、奶奶一起。

如何动员村民是共同缔造的一大难题。虽然我们熟谙理论，但缺乏实践支撑的理论显得苍白无力。尤其是面对不理解的村民，时常是无力的。

但这次的探索给了我们信心。正如村支书所说："不妨一试！"正是在这次共建的过程中，我们才有了这样的机制创新。这让我想起歌德的名言："理论是灰色的，而生命之树常青"实现才是真正的答案。

今晚收到了来自村民给共同缔造小组的第一笔转账！接下来，借这个机会把渡河的组织做实，是我们最重要的任务。

图6-6 渡河村儿童乐园工作进度简报（第二天）

2024年6月2日 于渡河

渡河驻村日记：儿童乐园共同缔造 DAY 3

今天一早，我们正式成立了儿童乐园共同缔造小组，明确了人员构成和分工，商定了动员、监督、激励、接受捐款捐物的机制。复盘前段时间的工作，我们积累了积分制的经验，计划将其纳入渡河的乡规民约中。如何充分发挥小组理事会作用是下一阶段的重点。

施工现场，工匠师傅们开始平整场地，烈日下挥汗如雨。不得不说，工匠师傅们的效率真的很高，仅一个下午场地就基本平整完毕。下一步的共建即将开展。关于用材，我们的争论最多。尽管用砖铺满最经济高效，但为保障儿童安全，我们还是坚持使用软质材料。

这几天我们与村委班子同吃同劳动，对大家的了解加深不少。陈支书、李主任和师姐已经形成了一个组织核心。对于一个村庄来说，最重要的不是物质资本，而是人力资本。共同缔造能够持续的关键，也是在于发展和培养能人，让他们成为村一级事务的主心骨。图6-7为渡河村儿童乐园工作进度简报（第三天）。

图6-7 渡河村儿童乐园工作进度简报（第三天）

2024年6月3日 于渡河

渡河驻村日记：儿童乐园共同缔造 DAY 4

今天一早来了8个村民，有4个是雇来的小工，还有4个是村小组长喊来的村民志愿者。小工按照当地工价160元/天。村民志愿者按照50元+成本为10元的积分给予奖励，相当于节约了400元的工钱。

最近农忙播谷，前来帮忙的村民志愿者来自附近第四、五、六小组，大多是平时比较热心集体事务的果农。我们原以为工价不高，村民不会太积极，没想到他们干劲十足，平时5点就收工，今天却一直工作到6点多。

一开始，工头师傅和村民们对我们这群学生并不在意，可能以为我们只是过来体验生活的。但当同学们开始下铲子干活时，所有村民停下了手中的活，他们惊讶的表情让我至今难忘。

在共建过程中，同学们都明显感觉到与村民们有了更深入的互动。村民和我们的关系，从最初的单向交流，逐渐转变为互相交流、讨论和学习。在讨论中，方案不断得以优化，变得更加简洁实用。

渡河的村民非常关心下一代的成长，聊得最多的话题就是孩子的教育。晚上复盘时，我们已经为儿童乐园募捐到15500元。我们意识到，共同缔造不需要做很大的事，可以从村民关心的小事做起。图6-8为渡河村儿童乐园工作进度简报（第四天）。

图6-8　渡河村儿童乐园工作进度简报（第四天）

2024年6月4日 于渡河

（陈鍪　博士研究生）

第二节　共同缔造进阶版

1. 从美好环境到幸福生活

过去我向他人介绍"共同缔造"时，总是从国家政策的角度切入：在乡村振兴战略的背景下，乡村建设如火如荼地展开，但随着建设的推进，"有建无管""干部干、村民看"等问题逐渐显现。因此，我们需要一种能够调动村民积极性的方法，激发他们建设家乡的内生动力——这正是共同缔造的目标。

在参与渡河村共同缔造的第一周，我的所见所闻让我意识到，以往对共同缔造的理解或许过于浅显。它的伟大之处不仅在于能有效解决社会发展中的问题，更在于它是时代发展的必然产物。

近年来，高校毕业生面临的就业难题日益严峻，这是宏观经济下行的缩影。而在乡村地区，大量外出务工的农民工（尤其是建筑行业从业者）因就业岗位减少，部分人不得不"暂时"返回家乡。然而，家乡的就业机会远少于城市，形成了"回不去的故乡、离不开的城市"的困境。于是，返乡暂住一两个月后再外出谋生，成为这类人群的常态。其中，从事建筑行业的农村女性大多选择留在家乡，照顾年幼的孩子或年迈的父母。

长期与家乡的疏离使他们与邻里之间的纽带逐渐弱化。"回不去的故乡"正是这种社会关系淡化的真实写照——他们难以融入村庄集体活动。而村庄的社会网络本就包含这些群体，他们的缺席打破了原有的社会秩序，埋下了社会问题的隐患。据村干部反映，这些见过世面的返乡者往往自视甚高，甚至认为比从未外出的村民和村干部更优越，导致村务推进困难、干群关系紧张。

在这样的时代背景下，共同缔造以村小组为基本治理单位，通过重建邻里关系，将逐渐失序的乡土社会重新引向有序，为村民追求幸福生活奠定基础，保障社会的长治久安。可以说，共同缔造是时代发展的必然选择，这正是其伟大之处。

新时代邻里关系的构建，关键在于生活方式的改变。以渡河村为例，村里的妇女们每晚习惯在村部门前广场跳舞，参与者来自不同小组，甚至包括邻村村民。而在2012年前，这样的活动根本不存在。一位阿姨说："2012年省妇联帮我们组建腰鼓队，教我们跳舞，后来就成了习惯。以前白天干农活，晚上带孩子做家务，根本想不到还能跳舞——原来生活还有另一种可能。"她所说的"另一种活法"，正是生活方式变革的体现，而乡村留守妇女之间的邻里关系，也借此得以重构。

在人民公社时期，乡村地区的集体文化活动存在实体介入途径，例如公社会不定期组织观看院坝电影等活动。改革开放后，随着经济快速发展，部分村民外出务工，经济条件改善，电视机普及，这类集体文化活动逐渐退出历史舞台。此后几十年快速城镇化进程中，乡村集体文化活动大幅减少。村民们普遍反映："白天在地里忙农活，晚上回家带孩子、做家务，完全想象不到还可以跳舞。"

以渡河村为例可见，能够组织集体文化活动的机构已从过去的人民公社转变为现在的工青妇组织。然而，相较于城市社区，乡村地区的工青妇组织活动仍显单一，亟需更多社会组织的参与。

2. 机制体制建立的重要性

来到渡河村的第二周，村里的大人和小孩都对我们十分熟悉了。走在村间小道上，时不时会有脸熟的老爷爷、老奶奶打招呼，顺手摘一捧院中的橘子，塞满我们的口袋。小孩子也十分热情地邀请我们一起玩耍，每天晚上分别时还依依不舍地问我们第二天几点再来。

需要明确的是，共同缔造并非简单的慈善行为，而是旨在探索整合各层级、各组织的力量，并建立可持续的机制和体制。所谓"纵向到底，横向到边"，指的是各级党组织以一根红线贯穿到底，同时各类群团组织与社会组织横向覆盖，确保每一个人都能至少被一个"组织"纳入其中。

这周行动的聚焦点，是其中一个小组提出的"修桥"问题。这座便桥连接小组的水田，多年来村民通过它耕种田地。不修桥是否可行？其实也可以，只是需要绕行一公里左右。至于农机作业，因农机从外部调用，绕行并不构成问题。因此，这座桥更多是为了方便小组村民，尤其是仍在种田的村民。从表面看，这似乎并非群众迫切需要解决的问题。但由于工作已推进，村民的需求已通过反馈并经过多次小组讨论，且小组表示愿意投工投劳。此时若取消计划，不仅显得草率，还会挫伤群众积极性。

从探索县域共同缔造机制体制的角度来看，"修桥"是一个不错的切入点。首先，桥梁属于工程范畴，需由县交运局踏勘评估；其次，作为小型基础设施，可以通过小组村民投工投劳完成；最后，镇、村两级在资源协调和人力调配中扮演关键角色。通过修建这座便桥，可以充分调动县、镇、村、村小组各级力量，为探索各主体共同缔造的长效机制提供实践基础。

有一天吃早餐时，我们"共同缔造"小队讨论起了在修桥过程中的各级激励问题。发动小组村民建设集体设施的一贯做法是以奖代补：上级政府先出资一部分，群众投工投劳完成建设后，通过验收再奖励剩余部分。

这一制度对小组有激励作用——既能完善基础设施，剩余资金还可用于发展公共服务。但对县、镇两级政府而言，却缺乏激励机制。为什么没有激励机制？难道政府不该将此视为本职工作吗？为何还需要额外激励？

次日我才想通这个问题。多次听到"你们'共同缔造'的规划能否立项？"这类问题后，我突然意识到症结在于对"项目制"的路径依赖。

以往的"项目制"已形成一套较为完善的体制机制，县、镇两级在此过程中已明确其操作流程。但这种"目的导向"的方法与"共同缔造"所强调的"过程导向"和"目标导向"存在根本性冲突。或许可以将"共同缔造"理解为对"项目制"的制度化温度赋予——正是这种温度，使得我们能够实现决策共谋、发展共建、建设共管、效果共评、成果共享。这"五共"必须切实贯穿于全过程，而这是传统

"项目制"所缺乏的。

上述内容的核心，在于阐明体制机制建立的重要性。如同国家机器需预设程序，方能导向合理的过程与预期的结果。

3. 将活动固化为制度

在渡河村的两周里，我们不仅开展了常规的入户访谈、村民小组讨论，以及对留守妇女和返乡工匠的访谈，还策划了两次活动——第一周周日上午："我的家乡我来画"——通过儿童绘画和家长访谈，挖掘村庄愿景；第二周周六上午："渡河笑脸·摄影教学活动"——利用周末吸引村民参与，借机收集多元需求。

"我的家乡我来画"活动设计了两项并行任务——儿童绘画：引导孩子们描绘游戏场所或居住环境，呈现其心中的村庄美好愿景；家长访谈：通过展示村庄卫星影像，以"我家的房子在哪里"激发参与热情，进而展开开放式交流。

第二次活动借鉴了前次经验：参与活动的儿童多由留守妇女（母亲、祖母或外祖母）陪同，因此我们将留守妇女访谈融入"渡河笑脸·摄影教学活动"中。同学们先教授儿童基础摄影构图技巧，再引导他们与家长共同用手机记录村庄的美好瞬间，通过儿童视角呈现村庄愿景。同时，我们同步开展了留守妇女群体的非正式访谈。

这些活动本质上是调研手段，却意外衍生出新功能：连续两周的活动让村里孩子们产生了持续期待。有三年级学生每天追问我们的行程；村民通过微信关注我们的动向；未参与者听闻活动后也表达了参与意愿。但临时团队难以持续运营——活动该由谁主办？如何常态化？

此时"横向到边"机制显现价值：工青妇等群团组织作为党群桥梁，可依托共青团协调志愿者资源，定期为留守儿童开展课外活动，那需要更长久的计划。县域内共青团如何协调资源、如何开展活动、如何安排时间等一系列问题必须弄清楚并形成制度。有了制度，便能够在更广阔的范围内进行推广，而不仅仅是试点式的资源倾斜。

活动后的一个周日，县团委联合县大学生联合会、西部计划志愿者、县志愿者协会、县青年创业协会、县青年联合会在渡河村开展活动。考虑到有些小朋友周末某些时段会有课外辅导，活动定为全天举行，内容包括健康义诊、手舞操、无人机飞行挑战和原理启蒙、羽毛球和篮球训练等。从现场视频与照片来看，参与的小朋友和家长比之前组织的小活动多得多。有了有趣的活动，之前每天打电话"骚扰"我们同学的小朋友也有了新的陪伴，不再每日"电话轰炸"了。

一次活动办得好不算好，次次活动办得好才是真的好。这次县团委下沉基层，协调了众多资源，吸引了大量儿童与村民参与，说明这种形式可行。而同步进行的制度建设尤为重要，只有形成制度，活动才能变得可复制、可推广、可持续。

4. 为什么要有愿景？愿景也是可以被注入的

这些天我一直在思考一个问题：美好环境与幸福生活共同缔造的切入点之一是房

前屋后的环境改造。从房前屋后这一私人空间与公共空间的过渡区域切入，既能调动村民自身改造人居环境的积极性（毕竟是自家的空间），又能产生良好的正外部性（让邻居与过路村民都能享受到美丽环境带来的愉悦心情）。因此，通过与村民共同描绘房前屋后人居环境的美好愿景，能够激发他们朝着目标努力，最终实现打造美好环境与幸福生活的理想。

然而，现实情况是村里大部分常住人口为老人或与外界交流不多的留守妇女。他们虽无经济压力，但对自家环境的改善愿景多停留在儿孙发展层面。例如，有位老人在投资建设自家房前屋后人居环境时十分排斥，但在给孙子购买吃穿用品和玩具方面却十分慷慨。这让我不禁想到：他们对于幸福生活的美好愿景在于儿孙开心、发展得好，而对于美好环境的愿景却未能建立起来。

一开始，我还会认为这是因为他们没有多余的钱用于改善人居环境，但后来我发现，问题并非在于缺乏资金，而是他们对美好环境的愿景缺乏想象，缺少"自觉性"。我们通过先推进一家"示范点"的方式，在共谋共建的过程中，不仅能够通过设计将现代化的生活带到村民身边，更能够让周边村民在"围观"的过程中构建对美好环境的愿景，从而激发自发的动力。这虽然困难，但不失为一种有效的方法。

这种现象与过去农村自建房的情况类似。当某一家率先引进外面的新兴样式，建成的效果得到大家认可后，相互模仿的自建房便会如雨后春笋般涌现，最终形成"比学赶超"的局面。

其实，这样的过程可以理解为现代化的过程。规划师是引入现代性的媒介，村民在这个过程中不断接受现代性的洗礼，最终形成对美好环境追求的"自觉"。

随着这种自发改善人居环境的内生动力不断积累，从房前屋后的半公共空间逐步推广到公共空间的共谋共建，村民之间的关系也将在这个过程中得到重构，社区凝聚力得以增强，最终实现人居环境与精神生活的共同提升。

工作日志附后：

5月31日（周五）

第一次如此直观地感受到乡村能人的专业性。

泥瓦工大叔从学生团队设计的图纸中选出了一张，因为那张最直观易懂。从村部的月洞门和遮阴座椅，到马路上的斑马线，再到途中的五彩引导小路，以及滑稽梯、塑胶地面、健身器材、沙坑、花廊，每一个节点的落地细节都被他讲解得清清楚楚，专业性十足。

关于塑胶地面，他建议更换方案，因为塑胶材质怕晒又怕湿，不久后容易开裂或鼓包；可以采用硬化路面加假草坪的方式，成本低且便于维护。而花廊目前的位置显得有些"多此一举"，不仅阻隔了池塘风景的视线，还与池塘护栏的安全防护功能重叠；他建议将花廊移到入口处，既能起到引导作用，又能优化空间布局。

6月1日（周六）

区别于以往房前屋后小菜园的共同缔造模式，这次的儿童乐园是一个村级公共空间，参与主体从户主及其家人、邻居扩展到了全村村民（从使用便利性来看，主要是第三、四、五、六小组的村民）。

刚开始建设时，并没有村民参与，只有我们和村干部在埋头苦干。但完成建设并非最终目的，真正的目的是让村民参与其中，共同营造归属感。

带动效果逐渐显现。下午的建设过程中，我们先发动了几个小朋友一起拔野草，随后吸引了更多小朋友和他们的家长加入。家长们帮忙挖沙坑，小朋友们也有模有样地跟着挖挖铲铲，场面热闹而有序。

为了激励更多村民参与共建，书记提议让小朋友们回家动员家长，并承诺共建完成后可以去村委小卖部领取10元的零食。这一激励措施效果显著，参与的小朋友和家长数量明显增加。

6月2日（周日）

需要选择几个天气适宜且日照温和的时段，集中开展共建活动，让村民感受到较高的参与度，但不必强求全程参与人数众多。

共同缔造小组应在实践中逐步形成，而非仅停留在纸面上。它是组织群众、配置资源和激励人员的重要载体。

6月3日（周一）

经过前两天的热烈劳动，今天共同缔造儿童乐园小组召开了一次细致的复盘会议。

此前发动的"小手拉大手"活动效果显著，但随着孩子们返校上学，家长们也回归了各自的忙碌生活。为了常态化动员村民投工投劳，需要充分发挥儿童乐园共同缔造小组的作用：通过村委会动员村小组长，再由村小组长发动村民，同时结合倡议书宣传和先进典型引领的方式，持续激发大家的积极性。

积分制的实验取得了较为成功的成果。小朋友们通过积分兑换零食的激励，积极性大幅提高，甚至主动带动家长参与共建儿童乐园。核算发现，每日奖励零食的支出仅需140多元，却成功动员了4位家长和约20名小朋友参与共建，真正实现了"花小钱办大事"。更重要的是，这一机制让小朋友和家长深度融入共建过程，悄然播下了共同缔造的种子。

此外，共建活动还重塑了人际关系。小朋友之间、亲子之间、村民之间以及干群关系，都因共同劳动而更加紧密。一些原有的误解也在协作中自然化解。可见，空间改造对社会关系的重构已初见成效。

6月4日（周二）

今天倍感欣慰。

最令人欣喜的是团队与村民关系的改善。正如之前在云南凤庆红塘村的经历，初始的陌生感难免带来警惕与偏见，但随着共同劳动、汗水挥洒和深入交流，双方语气逐渐缓和，理解不断加深，共同缔造的理念也因此更顺畅地传递。躬身入局，始终是一种行之有效的工作方法。

村民微信群和村民小组的响应效果超出预期,让我首次体会到"组织"的力量。起初,我对"每日投工奖励50元+10积分"的积分制心存疑虑——按市场价,零工日薪可达160元,这样的激励是否足够?但复盘会解答了我的困惑:小组长对组内村民的情况了如指掌,清楚谁有奉献精神、谁有能力负责、谁近期空闲,因此动员精准高效。这正是共同缔造基本单元——村民小组的独特魅力。

在晚上的复盘会上,我的疑问得到了解答:之所以让小组长负责动员,是因为他们对组内成员的情况了如指掌——谁有奉献精神、谁具备组织能力、谁近期空闲,全都心中有数。这种精准的动员方式,充分展现了共同缔造基本单元——村民小组的独特价值。

建设儿童乐园的提议源于前期扎实的调研工作。通过广泛的访谈和座谈,我们确认这是村民真实期盼的项目之一。这也印证了共同缔造的核心原则:必须从群众身边的实事小事入手,切实解决他们的需求。

值得庆祝的是,我们的儿童乐园募捐倡议获得了热烈响应。截至目前,已收到村民、乡贤以及中山大学团队的捐款,总额达15500元!这一成果既体现了各方的支持,也为项目推进提供了有力保障。

6月5日(周三)

目前,村民参与儿童乐园建设的积极性已被调动起来,项目本身也符合村民的意愿。接下来的关键阶段,是在中山大学团队离开后,观察村民能否保持这种自发的积极性。这将是对项目可持续性的真正检验。

(陈金凤 硕士研究生)

第三节 渡河村聚落形态思考

"乡村聚落形态",是指乡村聚落的平面分布方式,即组成乡村聚落的民宅、仓库、牲畜圈棚、晒场、道路、水渠、宅旁绿地以及商业服务、文化教育、宗教信仰等公用设施。乡村聚落形态一般分为集聚型和散漫型两种类型:集聚型村落又称集村,是由许多乡村住宅集中分布而形成的大型村落或乡村集市,其规模差异显著,从数千人的大村到几十人的小村不等。各农户密集居住,并以道路交叉点、溪流、池塘或庙宇、祠堂等公共设施为标志,形成聚落的中心。散漫型村落又称散村,农户住宅零星分布,尽可能靠近其生计依赖的田地、山林或河流湖泊;彼此之间的距离因地而异,但无明显隶属关系或阶层差别,因此聚落也无明显中心。

在历时半年的断断续续调研中,我们对渡河村的整体形态已形成初步认知。当前渡河村的格局可概括为"三大组团七小组":第一、第二及第三小组为当地原址自然村,是居民的主要聚居地。放牧家族是最早在渡河村定居的群体,历史上未发生大规模整体搬迁,自然村规模随人口和房屋增加逐渐扩大。第四、第五及第六小组为杂姓自然村，其发展历史晚于放牧家族聚居的前三小组，主要沿渡河老街至渡口一线分布，历史上以旅客栈居多，推测因商业和交通功能而形成。第七小组为独立组团，村民以陈姓为主，曾因河流改造及水利设施修建向东北部地势较高地区整体搬迁100～200米，故基础设施建设相对落后，发展历史较短。第八小组形成最晚，是因21世纪国家推进新农村建设及生态保护，将原位于多云山中的村民扶贫搬迁至山下主要聚居区，现该小组已并入第六小组。

就个人而言，我想在此阐述对渡河村聚落形成的一些认识。渡河村的聚落形态首先受到自然条件的约束，尤其是洪水的影响。这一点可以从黄梅戏的流传中窥见一斑：相传黄梅戏起源于黄梅地区的采茶谣，后因一场大洪水导致灾民逃往安徽，黄梅戏也随之传入安徽。历史上，黄梅县饱受洪水困扰，渡河村在水库和水渠修建之前同样面临洪水泛滥的问题。据说，第七小组的村民正是为躲避洪水而向南迁移了一段距离。

在中国传统社会中，村落居民之间的互动通常较为频繁，关系较为紧密，这有助于形成严密的社区组织结构。同时，由于居住集中，政府更易于实施管理，国家对这类村落的影响力也更为深远。而在居民分散居住的区域，农户之间的联系、交流和相互依赖较少，彼此关系较为疏远，社会联系和组织结构更为松散。从政府管理的角度来看，集村显然比散村更易于控制。渡河村由三个明显的组团构成，这不仅是空间布局的体现，也是社会关系的表征。

在渡河村聚落的形成过程中，国家力量产生了巨大影响。以渡河老街的兴衰为例，其原本是五祖镇通往黄梅县城的必经之路，因而一度繁荣，但随着横山公路的开通，逐渐衰落。此外，三大渠道、水库以及村组内道路的联通等基础设施的建设，无不体现国家力量的介入。

最后引用侯仁之先生的经典论述作为总结：历史地理学的一个根本论点是，人类的生活环境始终处于动态变化之中，而非静止不变。这一规律既适用于自然景观，更显著体现在人为景观的演变中……在这一发展过程中，人类的规划与建设活动发挥着决定性作用。需要特别强调的是，若非人类活动的影响，过去几千年间地理环境的变化将是极其缓慢的。同时必须认识到，正是在改造自然环境的实践中，人类才得以区别于其他生物，逐步发展出独特的智慧，完成自身的进化，最终确立"万物之灵"的崇高地位。

下附驻村工作日志：

驻村日志 DAY 1—2（10月19—20日）

千年古村与古塔在烟火晚霞中静静矗立，山水田园间仿佛仍回荡着"迷时师度，悟了自度"的禅意。这份历史厚重感提醒我们，乡村振兴既要传承文化根脉，又要开拓创新。

驻村日志 DAY 3（10月21日）

自20世纪80年代以来，梨树品种从苍溪梨到黄花梨再到秋月梨的更替，折射出农业技术的持续进步。展望未来，品种选育、品牌建设、组织化程度和技术创新将发挥越来越重要的作用。但自然条件始终是基础约束，特别是水资源问题——分散种植模式导致难以组织建设蓄水池等基础设施……

此外，桥梁的变迁、返乡群体的经历、下山村民的故事等，都值得我们深入记录。体制机制创新的探索，依然任重道远。

驻村日志 DAY 4（10月22日）

在分散走访后，首次召开村民集中见面会。会上反映的产业瓶颈、公共服务短板、人居环境等问题，都需要我们深入分析成因，进而探索创新机制来系统解决。

驻村日志 DAY 5（10月23日）

从群聊中一时兴起，想到一些看似无关的体会："方寸"即指心。想起很早前读《西游记》时，斜月三星洞、灵台方寸山不正是暗喻"心猿"吗？书中反复出现的"心猿"其实就是本心，六耳猕猴后的"心归一"正是悟空找到了方寸之间的境界。而"悟空"之名，显然源自惠能大师那段著名的偈语。悟空也是取经队伍中最具悟性的一个。回看这些日子的工作，其实正是以"心"为根本，才逐渐学会洞若观火，学会"悟空"。

驻村日志 DAY 6—7（10月24—25日）

离开前夕，我思考一个问题：渡河村与中国其他乡村相比，特色究竟在哪里？这几天扎根村里推进"共同缔造"工作，感受明显不同于不久前来黄梅县城的体验。这种差异或许源于对乡村地方感的熟悉，但细想之下，我认为更多是乡村与国家关系的映照。

回想作为城郊村的红塘村、塘房村，它们曾是极其边缘偏僻的村落，与国家的关系却呈现出鲜明的两极分化——要么联系紧密，要么与世隔绝。正是这种极端性，让人难以忽视这些村庄的存在。而渡河村则介于两者之间，同时也代表了中国绝大多数村落的共性：它们既非完全依赖国家力量，也非彻底封闭，而是长期处于容易被忽视的"中间状态"。

幸运的是，通过调研，我发现了乡土社会与国家互动的普遍痕迹。在渡河村，这种互动集中体现在水利设施建设中：龙坪水库、龙坪渠、龙坪干渠等大型工程是国家力量主导的体现；而小组当家塘、高干渠与农田小沟渠则由村民自发组织修建。此外，祠堂作为村民筹资兴建的空间，同样承载着宗族传统与公共治理的双重功能。

这些现象无形中展现了乡土社会简易式治理逻辑的空间呈现，也是通过"共同缔造"实践"寻回"而非"创造"的本土经验模式。

驻村日志 DAY 8—9（11月2—3日）

建模、听老人口述村史、入户访谈……

印象最深的是88岁抗美援朝老兵的讲述：从湖北到冰天雪地的异国他乡，再到新疆，最后回村落叶归根。老一辈战友逐渐凋零，百年兴衰只在一瞬，让人唏嘘不已。

驻村日志 DAY 10（11月4日）

这几天从不同村民口中听到"国家"指代各种非乡土的行为主体：比如，回忆修建水渠时，"国家"包含合作社时期的生产政策及县市供水规划；谈论医保时，"国家"指向国家医保政策及湖北省农村医保报销比例；提及参军作战时，"国家"则指中国这一政权实体。

这种话语差异反映了村民对"国家"概念的情境化理解,也展现了国家力量在乡村的多维渗透。

驻村日志 DAY 11—14(11月5—8日)

连续多天的讨论走访加深了村民对共性问题和需求的共识。曾有人质疑:"既然问题都相似,为何要反复与村民讨论?"前几天看到的一段话或许能解答这个疑问:制度成功运作的关键在于人及其构成的社会关系,机制体制的创新最终需要依靠村民的实践。

我们不仅需要关注村民表达了什么,更要思考他们为何会这样表达。唯有如此,才能:识别真正的共性问题;形成集体认同的共同愿景;促成有效的集体行动;将流程中涉及的正式与非正式制度固化;最终形成可持续的运作机制。这种"共识-行动-固化"的闭环,正是乡村治理从"外力推动"转向"内生发展"的核心路径。

驻村日志 DAY 15—16(11月21日)

再次来到渡河村,随处可见热火朝天的施工景象,机制体制建设也在稳步推进。未来一段时间,空间规划与改造将成为重点工作。每个村庄都有其独特性,对渡河村而言,村民对生产功能的需求尤为突出。在房前屋后空间改造中融入晾晒鱼粉、茗粉、红薯等生产功能,可能是"小菜园"改造的新方向,而那些闲置的陶罐也需要重新规划用途……

今日还遇到一个温暖插曲:刚到村里,一位老奶奶就热情地塞给我们一大捧柑橘,村民的淳朴令人感动。

驻村日志 DAY 20(11月26日)

站在古渡口旁,只见断壁残垣,寒潭野鸭。东望五祖寺,金光粼粼;西行老街,橘红柿黄,银杏满园,风光入怀。有感而发,填《桂枝香》两阕以记之:

其一

古道清寂,恰山峦染秋,潇潇落木。

初日朗照金顶,晨钟暮鼓。

菩提明镜方寸间,事未了,枯荣难定。

师渡自渡?何妨吟啸,乡居暂留。

其二

随处是,橘儿尽红,过坡坪渠畔,流水匆匆。

三两人家深处,野鸭渡头。

欲寻老街觅旧事,蔬果丰盈笑颜驻。

岁月悠悠,不如归去,做个闲人。

驻村日志 DAY 22—26(12月27—29日)

今年最后一次出差结束了。在渡河村,我遇到了许多温暖的人:收到村民奶奶赠送的中药,品尝了广福寺师傅奉上的清茶,感受到镇村工作专班的战友情谊。看到一件件惠民实事落地生根,心中不禁涌起阵阵感动。

与村支书一同沿着规划的旅游路线走访,沿途景观在脑海中一一浮现——"梅开二度"的初春盛景、"一见桃花"的浪漫诗意、"四时有果"的田园丰收、"松下问童"的童趣盎然、"禅茶一味"的禅意悠然、"因果相成"的生态循环。正如村支书所言，渡河村的故事才刚刚开始。有幸见证这片土地的蜕变，期待下一次重逢时的崭新篇章。

驻村日志 DAY 27—29（4月26—29日）

广州暴雨频仍的四月，我再次来到黄梅县渡河村，这里却是风和日丽。此行让我对"共同缔造"理念有了更深的思考：它不仅是社会动员的过程，更是资源整合的经济过程；既要通过公众参与激发内生动力，也需注重政府资源配置与群众需求的精准衔接。未来的乡村规划研究和实践或许需要更注重"经济账"，从可持续性角度审视变革的必要性与实效性。

（侯先昱　硕士研究生）

第四节　乡土实践中的认知深化与成长

1. "治理·制度"

中共十八届三中全会首次提出"推进国家治理体系和治理能力现代化"。美好环境与幸福生活共同缔造就是在国家治理体系和治理能力现代化背景下产生的。共同缔造以规划作为引导资源配置的工具，为机制体制的创新和发展提供载体和平台，在引导群众共谋共建共治共享的过程中，逐渐形成一套从组织到统筹再到激励的系统性机制体制，致力于打造乡风文明、治理有效的乡村治理共同体。

农业税取消后，国家主要向农村转移资源并给予政策倾斜，支持乡村公共服务普及和基础设施建设。然而，人民公社解体后，乡村治理面临着"能力不强、动力不足、导向不明"等现实困境，国家资源下乡与乡村内部力量在衔接上存在错位与偏移。在新的发展阶段，为保障国家下乡资源的精准有效下沉，需要通过创新体制机制予以常态化保障。若缺乏良好的体制机制，各资源要素在下沉过程中可能面临精英俘获问题，也会因乡土社会"不患寡而患不均"的普遍逻辑而引发诸多社会矛盾。

体制机制既可以是明文规定的正式制度，也可以是乡土社会中约定俗成的非正式制度。但在各类规划建设行为将国家资金、村民自有资金以及社会企业投入落实到具体空间之前，正式制度与非正式制度都应完成契约化，即形成具有法律效力的明文规定。

以第五小组反映的桥梁问题为例：上一任村书记曾发动村民改善村庄人居环境。由于村庄资金有限，书记与第五小组组长组织该小组居民自筹资金并出工出力，完成了村庄道路硬化，每户出资600元。然而，当时村小组并未因此获得奖补，反而是其他未出资的村小组在政府资助下完成了道路硬化。这一做法违背了乡土社会的治理逻辑，在"不患寡而患不均"的影响下，第五小组村民怨声载道，尽管干部以其他承诺暂时化解了矛盾，但此后村民多次拒绝自筹资金的倡议，村干部也无力再号召村民参与。由此可见，建立奖补优秀村小组的机制对激发村庄组织力和内生动力至关重要，但机制的良性运行必须以契约化保障为前提。

"不断发现问题，组织有效研讨"是凝聚真正共识的重点。从团队和地方政府数次组织研讨会的情况和反馈来看，研讨会组织机制的科学制定尤为重要。若组织次数过于频繁，会耽误村民的日常生活和工作；一旦村民的新鲜感消失，便会产生抵触情绪，导致研讨会效果变差。反之，若组织次数过少，团队则无法及时获得反馈、调整规划，使群众参与名存实亡。因此，建立常态化、周期性的研讨机制十分必要：一是能让村民预留时间、调整安排；二是为规划建设工作留出时间，村民需看到实际进展才能提出有效建议；三是通过常态机制，让居民逐渐习惯参与，形成参与意识。在"规划研讨—资源落地—凝聚共识"的循环过程中，我们发现机制体制的建立和完善是乡村资源合理分配的关键。在规划建设过程中，我们特别强调要将建设经验与教训总结落实到乡规民约中，以此规范村民和村干部的建设活动，保障集体行为的可持续性，凝聚村庄发展的共识与合力。

机制体制改革与群众组织化：共同缔造治理新格局。问题本质：从"缺水"看权责分离。渡河村缺水问题的根源，并非坡坪水库是否放水，而在于镇村一级缺乏管理权限。干旱时节，河塘干涸、灌溉用水紧缺，村民虽呼吁水库开闸，但各村诉求分散，既未形成统一合力，也缺乏代表集体利益的农民组织与行政主体协商。县政府因需优先保障县域居民生活用水（尤其在非汛期），往往将农业灌溉需求顺位后置，导致矛盾长期悬而未决。

共同缔造：组织化赋能群众主体性。从环境卫生、农田灌溉到修桥铺路、产业振兴，面对多元化的群众诉求，需通过"共同缔造"实现"每个群众都有一个组织"的目标，确保群众困难有渠道反映、诉求有组织对接。这一理念并非学术造词，而是时代发展的必然——当城镇化快速推进、政府大包大揽模式难以为继时，必须激发群众自主性，推动体制机制变革。

当前，群众对自身权责边界认知模糊，过度依赖政府帮扶。在物质与工具条件已极大完善的今天，需通过制度化、组织化形式，将分散的个体力量凝聚为平等治理主体，与政府协同互动，真正实现"共建共治共享的社会治理共同体"。

2. "成长·学习"

在渡河村乡村规划的共同缔造实践中，通过开展社区讨论、工作坊和互动式讲座等一系列培训活动，村民们不仅对乡村规划有了更深入的理解，参与意识和自我效能感也得到了显著提升。通过发动群众共谋美好愿景，激发群众的创新意识和智慧，引导他们开展共建共享活动，美好的愿景和集体智慧逐渐变为现实。村民们真切感受到，自己的行动能够改变村庄的现状，他们不再是发展的被动等待者，而是有能力、有权利参与村庄发展的每一个决策和建设行动的主体。

如今，越来越多的村民主动提出自己的想法和建议，积极参与村庄问题的讨论与解决。他们逐渐从依赖政府援助的思维模式中觉醒，开始主动承担建设家园的责任，村庄发展的内生动力不断增强。通过工作坊、研讨会等教育学习活动，村民在参与过程中掌握了村庄规划的知识，一批"本地规划师"逐渐成长起来，他们对村庄规划发展的认识也日益深化。在这个过程中，村民们学会了通过合作与互助解决实际问题，共同营造和谐、繁荣的社区环境。

正所谓"人在事上练，刀在石上磨"，对于乡村规划师来说，共同缔造的过程也是一次深刻的教育体验。规划师们与村民同吃同住，亲身感受他们的生活状态和需求。这种沉浸式的体验让他们深刻认识到，乡村规划不能简单套用城市模式，而应更加注重乡村的社会结构和文化特性。因此，规划师们转变思路，开始从村民的视角出发，关注他们的真实需求，尊重其生活习惯和文化传统，并与村民共同探讨、制定方案。在共同劳动和在地建设的过程中，规划建设方案不断优化，最终形成真正符合村民需求的规划。

在这一过程中，规划师们也在不断学习和成长。他们学会了如何与村民有效沟通、协作，如何调动村民的积极性，以及如何将专业知识与乡村实际相结合。这种跨学科的学习与实践，不仅提升了规划师的专业能力，也让他们更加深刻地理解了"共同缔造"的真正意义。

"共同缔造"的理念和方法，不仅促进了村民的自我教育和成长，也推动了规划师从"城市规划思维"向"乡村规划思维"的转变。在村民与规划师的双向奔赴中，乡村发展的内生动力不断增强，规划人才队伍持续成长。这种双向的教育与成长，正是"共同缔造"的核心内涵。

（邓鑫　硕士研究生）

第五节　公共空间对村民行为的塑造

"你一铲，我一铲，儿童乐园大家建"——这是渡河村儿童乐园共建活动的生动写照。作为共同缔造的试点项目，村委会、村民和规划师三方紧密协作，以共建为核心，结合以奖代补政策，共同推进儿童乐园的建设。

起初，我们心里并没有底。正值农忙时节，村民会愿意参与吗？他们会信任我们这群学生，愿意一起挥锹挖土吗？带着忐忑、不安和一丝兴奋，2024年6月1日，我们的共建之旅正式启动。

由于时间紧迫，项目启动前并未召开村民大会，仅通过前期村小组讨论会征求意见。会上，村民代表对建设儿童乐园表示支持，并承诺参与。然而，开工首日便遇到挑战：面对一片杂草丛生的空地，我们甚至不知从何下手。最终，在村民"放叔"的帮助下，我们依据工程图完成了场地划线，并开始挖土作业。

在项目真正实施前，我们并未召开村民大会，仅在前期组织过几次村小组讨论会。当时，村小组代表对建设儿童乐园表示赞同，并表示愿意参与。然而，项目启动的第一天就遇到了问题。当我们扛着锄头和铁锹到达场地时，面对草皮竟不知如何下手。我们拿着工程图请叔叔帮忙画线，确定具体位置后便开始挖土。但这并非我们团队的主要任务，我们的核心目标是发动村民群众共同参与。于是，团队进行了分工：村"两委"和部分成员先行施工，另一部分成员则利用儿童节假期，通过"小手拉大手"的方式带动村民参与。我们为参与的儿童提供积分奖励，他们可以用积分去供销社兑换零食。

这一方法取得了显著效果。6月2日，曾有参与的儿童主动带着家长前来帮忙挖土、铲土。无论是大人还是孩子，都在这片土地上辛勤劳动。当我们提到这里将为他们建造一个沙坑时，孩子们表现得格外兴奋。借助儿童节的契机，活动取得了良好的开端。然而，新的问题随之而来：如果周一孩子们开学了，"小手拉大手"的活动还能持续吗？

为了解决这一问题，我们尝试通过发挥小组理事会的作用，发动村民投工投资，并开展了儿童乐园建设捐款活动。由于这是村庄的公共事务，且对村民有益，借助小组长对村民的了解，我们成功动员了群众参与投资建设。在活动正式开始前，已有村民自发为项目捐款；随着儿童乐园建设的推进，越来越多的村民陆续捐款，表达对项目建设的支持。同时，项目成立了专门的监督组，由村里德高望重的干部、中山大学团队代表以及村民共同组成，负责资金管理。经过七天的建设，儿童乐园已初见雏形。

在这一过程中，我们也不断反思共同缔造实践的经验，希望能总结出一些可推广的做法。

1. 组织如何落实

在学习共同缔造理论时，团队在村庄建立了小组理事会、红白理事会等组织。起初，同学们曾疑惑：仅仅建立这些组织就能发挥作用吗？答案显然是否定的。在儿童乐园共建初期，主要依靠中山大学团队和村委干部向村民宣传，除了"小手拉大手"活动吸引的家长外，其他村民参与度较低，这并非我们期望的结果。于是，我们意识到小组理事会也应积极参与，并通过"村委会—小组理事会"的联动机制动员群众投工投资、捐资捐物。在"小手拉大手"活动后，我们还借助小组理事会推行"50元现金+10积分"的奖补措施，进一步激励村民参与。

解决一个问题往往能带动一类问题的解决。通过儿童乐园项目，我们不仅做实了小组理事会的职能，还为后续工作奠定了基础——未来更多事务可以依托小组理事会这一组织，不断巩固和完善其服务群众的作用。

2. 把群众关心的小事实事作为切入点

无论是儿童乐园还是第三小组的危桥，都是村民密切关心的事情。这两件事均由村民自主提出，他们对此非常积极。村民路过时都会驻足观看，有时间的还会主动帮忙。渐渐地，"有一群大学生在为我们建乐园"的故事被大家所熟知，加入的村民也越来越多。目前,第三小组的危桥已如期动工。这条上山摘果的必经之路支撑着第三小组村民的生产生活,它的修缮极大地激发了村民的参与热情。

3. 通过以奖代补政策激发村民对公共事务的关注,增强其主人翁意识

村小组的事情由村里补助,村里的事情由乡镇补助。通过以奖代补政策,村民参与村庄建设的积极性被充分调动,真正实现了以小钱撬动"大事情"。这些成果并非依赖"等、要、靠"政府,而是村民主动发现问题、解决问题的结果。与此同时,作为试点的渡河村在共建过程中发现,县级共同缔造机制制度仍有部分需要完善与补充。这正是试点工作的意义所在——既能验证既定工作机制,又能对其不足之处加以改进。

在共建过程中,团队与村民共同成长。从初期工作推进稍显困难,到后来每晚复盘当天工作、明确次日目标,团队对已完成部分及时总结,对未完成部分深入反思。此外,团队还制订了详细的工作计划,仅用一周时间,儿童乐园的建设便初具规模。

在建造公共空间的过程中,改变的不仅是我们,工匠和村民也在悄然变化。从最初的观望态度,到后来主动投工投劳,他们的心理逐渐发生了转变——从"我在帮村委会做事"变成了"我在为我们的儿童乐园做事"。最明显的表现是:起初他们每天下午5:30就结束工作、收拾工具回家,而到了第四天,他们一直忙碌到我们提醒"师傅该吃饭了",师傅却回答"等做完这一点活儿"。那一刻,我心想,我们的努力似乎得到了回报。因为儿童乐园是村民真正关心的项目,是村庄自己的事情、村民自己想要的事情。在这样的过程中,他们或许会逐渐建立起对村庄、对小组的主人翁意识,尽管这种意识并非一蹴而就。我们希望通过公共空间的营造,重新找回乡土社会的场景与凝聚力。

共同缔造不仅是一种认识论,更是一种方法论。只有真正深入现场实践,才能体会到这项工作的难得与可贵。正式施工初期,许多村民以为我们只是走走过场,甚至旁观我们生疏地挥动锄头和铁锹。但经过几天的同吃同住同劳动,越来越多的村民加入我们。他们与我们畅谈共同缔造、孩子的教育、家长里短……费孝通先生在《乡土中国》中指出,中国传统社会是一种"差序格局",人与人之间的关系以亲属关系为主轴构成网络。尽管改革开放后乡村发生了巨大变化,但许多乡土特质——比如基于人际关系的情感纽带、集体生活意识、社会共同发展的理念——依然存在。我们希望通过公共空间的塑造,激发村民自主行动的意识,无论是增强对村庄的认同感,还是改善邻里关系。在当今市场行为主导的社会中,唤醒或强化村民对集体的认知,显得尤为重要。

6月13日,在儿童乐园即将建成之际,我们再次回到渡河。在尚未铺设沙子的沙坑周围,刚刚安装好的瓢虫造型游乐设施旁,已有孩子和家长们嬉戏的身影……

(杜梦昭 硕士研究生)

第六节　闻之不若见之，知之不若行之

"共同缔造"的概念自 2010 年提出以来，"美好环境与和谐社会共同缔造"行动陆续在广东云浮、福建厦门等地开展试点，并逐步推广至其他地区。在此过程中，相关理念不断完善。吴良镛先生在《再寄中青年城市学者》中强调："人居环境的核心是人……创造有序空间和宜居环境是治国安邦的重要手段。""共同缔造"作为构建美好人居环境的重要方法，通过社区尺度的群策群力激发社会内生动力，促进人与自然、人与社会的和谐共处。

2022 年 5 月，中共中央办公厅、国务院办公厅印发《乡村建设行动实施方案》，明确提出"在乡村建设中深入开展美好环境与幸福生活共同缔造活动"。同年 6 月，中共湖北省委第十二次党代会将"共同缔造"实践活动纳入工作部署，随后湖北省委办公厅、省政府办公厅下发《关于开展美好环境与幸福生活共同缔造活动试点工作的通知》，进一步明确了实践活动的指导思想、总体要求和主要任务，并在全省试点政策背景推行，黄梅县渡河村的共同缔造实践是体制机制建设改革的村庄试点之一。

1. 共同缔造与规划专业实践

首次参与共同缔造实践，我带着好奇与忐忑投入工作。当书本中的案例真实发生在身边时，其生动性和启发性令人深思。驻村初期，一个问题始终萦绕心头："共同缔造的核心是什么？"此前的认知中，共同缔造是通过"决策共谋、发展共建、建设共管、效果共评、成果共享"实现美好环境与幸福生活的手段，但我对"机制"的具体内涵仍存困惑。

在渡河村，构建"体制机制"的目标是打通自上而下与自下而上的双向工作路径。以第一小组修桥讨论为例，我初次体会到"共谋共建"的实践意义。修桥并非工程量最大或最紧迫的任务，却是凝聚村民共识的关键抓手。讨论始于村小组长、支书及工作人员，随着议题深入，村民逐渐主动参与。共同缔造团队作为第三方，从专业角度提出可行性方案，引导讨论方向，促进共识形成。村民充分表达诉求后，最终达成合理解决方案，激发了集体行动力。

除此之外，规划专业的知识与实践之间的碰撞带给我全新的体验和反思。以往所学的规划知识构建了我的知识体系，培养了我认识和观察城乡要素的视角及能力。在渡河村的所见所闻让我深刻认识到：一方面，校园中学到的专业知识能在实践中不断深化，原有的知识体系和技术方法得以修正和提升，规划的技能也能实际运用于方案设计等工作中。团队不仅提供了规划、景观方面的技术支持，还从村民身上学到了贴近日常需求的在地化知识。另一方面，我更加清晰地意识到，调研和规划的方法无法解决所有问题——或许本就不存在万能解法。"共同缔造"作为基层建设的探索，虽

包含规划却远不止于此。在基层工作中，我们需结合专业知识辅助引导"共谋共建"，将其应用于村民关切的领域，从房前屋后的过渡空间逐步推广至公共空间建设，最终实现共同缔造的目标。

渡河村开展共同缔造工作后，中山大学团队参与了村内公共空间及房前屋后的改造设计，包括党群服务中心、儿童乐园、第五小组邻里互助中心及第四小组的房前屋后空间。每个方案设计前后，我们都与村民充分讨论，通过图文结合、建筑模型等生动形式汇报规划内容，拉近了与村民的距离。无论是村部礼堂的党群服务中心改造，还是第四小组街边的愿景征集活动，在乡村建设的过程中，我真切地感受到了共识逐渐形成的过程和凝聚的力量。通过充分讨论，从村民利益视角出发的设计方案更能让村民们产生参与感和满足感；同时，村民们的参与热情也不断激励着我们推进相关工作。乡村建设的最终受益者始终是村民本身。对共同缔造团队而言，这个过程既是专业实践的机会，也是增强沟通能力、促进理论联系实际的重要途径。我们通过探索和推动共同缔造工作，不仅促进了村庄发展，更激发了村民积极参与、共谋共建共治共享的热情。从长远来看，我们希望通过制度建设与完善，促进乡村历史文化的传承，使共同缔造的理念深深扎根于村民心中，成为村庄发展建设的习惯和传统，从而推动美好环境建设与可持续发展。

2．"小"节点和"大"愿景

愿景通常是长期、宏伟的目标或理想状态，而节点设计则是对愿景的具体细化和落地实施，是可操作的阶段性目标和发展渐进的过程。

愿景规划几乎贯穿了几个月以来团队共同缔造工作的全过程。起初，在与村民的交谈中，团队并未获得关于环境或生活的明确愿景——这一度成为绘制愿景图过程中的困惑。但随着共同缔造工作的深入，团队通过局部的节点设计对愿景进行了分解和"具象化"，使得"愿景"在村民眼中逐渐清晰并成为可能。同时，节点的设计也引导和激发了村民对未来的想象，从而促进愿景规划的形成和调整。这一过程让村民心中形成了更加具象化、可实现的未来发展共识，产生了强烈的"目标感"，进而增强了村民的向心力和凝聚力，为后续的共建共享指明了方向。

在第七小组房前屋后的节点设计中，叔叔、阿姨们在我们设计方案前已对门前的花坛有了一些设想。团队基于他们对植物配置的需求，通过查阅资料和实地走访村庄进行对比，优化了设计方案，随后再与村民沟通并调整。就专业设计而言，这是一件较为简单的事情，对图纸等方面也没有严格的要求，但正是在这样简单的互动中，团队与村民建立了更加良好的关系。将村民的想法通过方案优化纳入愿景规划图的绘制中，也让叔叔阿姨们对乡村未来的建设有了更多期盼、参与感和创造力。

另外，在渡河村的那段时间，团队认识了喜欢打理花草、曾因空间不美观而主动砌墙的爷爷；见到了自发修缮门前水沟的几位大哥；还遇到了在团队提出改造小菜园时积极讨论需求和设计的爷爷奶奶。仔细想想，村民们其实都怀揣着对美好生活的愿景，只是未曾明确表达或关注。这些愿景或许很小——门前的几盆花、街边的树木和流水，但是在这样的细节里，藏着村民们对生活的热爱与对家乡的深厚情感——这或许正是开展愿景规划的主要原因之一。将一个个小小的期盼纳入村庄的未来发展规划中，既为愿景设定了阶段性目标和具体行动指南，也为评估和调整愿景实现进度提供了重要依据。节点的行动计划为团队、村民及其他参与方提供了清晰参考，同时帮助团队或个人及时反思、优化行动策略，发现并解决问题，从而确保计划实施的可行性与目标方向的正确性。

除此之外，节点设计也是对共同缔造工作推进的一种重要激励和认可。当公共空间设计方案实际落地，当房前屋后的改造得到户主认可时，共同缔造团队、基层组织和村民都收获了更强的动力与凝聚力，同时也感受到了一份成就感和满足感。

愿景规划为村民们提供了清晰可见的未来发展蓝图，让他们能够明确所在地区的发展方向和目标，从而有针对性地规划个人的生活与工作。从村庄的公共活动空间到房前屋后这类半私人半开放的空间，未来或许还会延伸到其他不同类型的空间设计与建设。这一愿景激发了居民对美好未来的向往，调动了村民的积极性和创造力。节点设计与建设激活了村民的参与热情，使他们更加积极地投入到村庄的建设中。

通过共同谋划、共同参与、共同创造、共同建设和维护，村民能够增强对社区的归属感和认同感，形成更加紧密的社区联系，与村庄共同成长。

尽管笔者在渡河村驻留的时间不算长，且与当地共同缔造相关的工作和探索仍在持续进行中，但几次驻村经历让我对规划专业有了更深的实践感悟，锻炼了沟通交流等能力，并从老师和同行师兄师姐身上获益良多。我从最初的旁观者状态逐渐转变为"躬身入局"，体会到这一过程的丰富多彩与特殊意义。未来，渡河村的故事还将继续，期待下一次相遇！

（陈诗琦　硕士研究生）

第七节　用村民世代积累的智慧，实现渡河美好的愿景

沐浴着温暖的阳光，黄梅县五祖镇渡河村的两百多亩丝瓜在平坦肥沃的田地里肆意生长。这些生长快、结果多的蔬菜，每一株都攀缘在笔直的竹架上，与田野间高大的 750 kV 输电线路相映成趣。一条小河蜿蜒流过村庄，小桥连接着田野与村落。田间有一条几百米长的彩色自行车道，漫步其间，夏风和煦，绿意盎然。不远处是风貌统一的民居，纵横交错的道路贯通全村，展现出宜居舒适的气象。

"一座让我感到舒适并愿意常住的村庄"，这是我对渡河村的第一印象。

渡河村的美丽不仅源于其自然地理环境和村民世代对资源的合理利用，更得益于 2023 年 9 月被纳入湖北省深化共同缔造试点村后的集体努力。当地党员干部与多次驻村的师兄师姐们深入走访群众，发动村民共同参与，与群众想在一起、议在一起、干在一起，引导群众树立"我的事我来办，我的家我来管，我的村我来建"的意识，通过共同缔造的形式，整合外部资源与本地资源，打造出一系列具有示范效应的成果。我所见证的舒适环境，已初步展现出示范作用。

从参与前的记录中了解到，渡河村共同缔造初期，师兄师姐们与村民访谈时，问及他们对渡河村的需求和未来愿景，得到的反馈往往十分有限。规划工作通常遵循"发现问题—分析问题—解决问题"的逻辑，但问题往往是海量的，只能优先解决部分紧迫问题——而这些紧迫性多由规划者主观判定。我们更希望倾听村民的声音，并引导他们共同参与解决。然而，如何让村民主动"提出问题"本身已成为一个难题。村庄的空间改造通常是一个缓慢的过程，村民的精力主要集中于劳动生产，只有当生产面临瓶颈或威胁时，才会被迫改造空间以适应发展需求。这也是修桥、铺路、兴修水利等基础设施更易推进的原因。乡村的工程往往能得到更多的共鸣，但由于经济因素的限制，即便是这些关乎生计的工程，在漫长的历史中也往往进展缓慢或难以实现。村民们习惯了保持现状。过去，空间的剧变意味着洪水、山体塌方等灾害；近年来，新农村建设曾掀起一阵改造乡村风貌的风潮，并取得了不错的效果。村民们意识到乡村的空间可以向符合自己审美需求的方向改造，但也认识到，这样的改造需要巨额资金，只能依靠政府支持。即使有想法，村民也缺乏足够的资金。因此，他们逐渐形成了一种观念：想要乡村改变，只能等待下一次政策支持和资金投入。自"美丽乡村"建设后，这样的等待又持续了十年。

从这个角度看，共同缔造的目标是在村庄中建立一个长效机制，在村民的思想中培育一种意识，使得他们在未来有改造村庄空间形态的需求时，不再只能被动等待政府的帮助，而是意识到自己有能力、有方法、有一系列工具包，可以通过自身的努力持续有效地改善环境。因此，师兄师姐们先通过修桥告诉村民："我们能做成"；再通过改造小花园、小菜园告诉村民："这种方法不仅能用来做实用的项目，还能用来打造美观的空间。"

这些实践已经取得了效果，村民自然产生了更多期待。他们的想象力被激发，开始主动发掘需求并表达出来。例如，村民提出："村里需要一个能让孩子们安全玩耍的地方。"这一次，我们的任务是用共同缔造的方式完成渡河村的儿童乐园，并在过程中不断总结经验。参与其中的有党员干部、投工投劳的村民、为自己打造乐园的孩子们，以及中山大学团队。离开时，儿童乐园的工程已基本完成，效果比预期更好。渡河村儿童乐园的建设进一步证明，共同缔造是村民实现以往难以完成的村落空间形态改造的有效方法。下一步，除了进一步巩固村民运用这种方法的能力外，还应在村民心中树立一个对未来的愿景。

愿景是一个组织、社区或个人所追求的长远目标和理想状态，它代表对未来的期望和梦想。一个村落愿景规划的实现往往需要建筑、规划、生态、地理、气象、植物、农业、土木、艺术、人文等多学科交叉融合，对各种景观要素进行系统组织、整合资源，并且结合风水使其形成完整和谐的景观体系和有序的空间形态。同时，需在此基础上综合地、多目标地解决各种地域特色、各种环境情况下人与自然和谐有序的相处问题，形成独具特色的愿景。

作为一个有景观设计学习经历的学生，想要从过往的案例中吸收想法，筛选出符合渡河村的空间规划和节点设计，形成几张赏心悦目的平面图或效果图，然后告诉村民："哦，我们以后把渡河村搞成这个样子并不是一件难事。"但问题已经很明显，这是设计者想象出来的——或许有简单的与村民讨论的过程——但并不含有太多村民的思想在里面。这是设计者的愿景，设计师在很短的时间设计出来的图纸，却固定下了村庄十几年的景观特征。这样的愿景，很容易在实行的过程中因为各种原因被卷起来放在角落里吃灰。只有世代居住在这里的村民对这片地域的空间要素知根知底，也只有一直生活在这片地域的村民会去审视发展中产生的新问题，并能够及时通过本土智慧提出解决方案。我们应该让村民具备自主能力，让他们的想法得以发展、表达、呈现并实现，并能够在这一过程中不断调整优化。

在渡河村儿童乐园的施工建设中，路过的村民观察后，很快理解了我们的意图，并提出了许多宝贵建议。一位阿姨得知我们在建儿童乐园后，建议在靠近人工湖的一侧增设座椅，加密植物种植，并加装护栏，防止孩子玩耍时落水。工匠们发现我们要开挖草皮时，顺带更换了地下早已堵塞的排污管，还在乐园内增设了水龙头，方便孩子们玩沙时取水和洗手——这些细节都是原设计未曾考虑的。作为村庄的短暂介入者，我们很难了解诸如地下排污管堵塞这类问题，而长期参与村内工程的工匠们却对村庄的地上地下空间了如指掌，他们的"脑海地图"始终在动态更新。

因此，在村民心中播下愿景的种子，才是渡河村未来持续缔造美好环境与幸福生活的内生动力。"五共"中的"共享"和"共管"已在部分地区实现，但"共谋"和"共建"仍是难点，需要村民投入智慧与汗水。目前，公众参与多依赖工作坊和座谈会，但主体仍非居民自身。在城市中，由于城市建设经过精心规划，城市居民在选择居住环境时已受到经济能力、基础设施和公共服务水平等多因素的双向筛选；而村民的居住环境多由自己亲手塑造。唯有通过共谋与共建，才能培养村民改造村庄空间的条理性和目的性，推动人居环境向美好愿景稳步迈进。

除了引入外部支持，如通过设计下乡、"百校连百县兴千村"等行动，引入规划、建筑、景观等专业人员为村民提供技术指导和帮助，以提升渡河村乡村建设的水平和质量外，还需加强村民的规划素质教育，增强他们对规划的理解和参与能力，使村民能够更有效地表达自身意愿和需求。在为儿童乐园的场地形态放线时，工匠松板会根据图纸与场地实际情况做出更合理的调整，这是基于其丰富经验和对当地的深刻理解而产生的优化方案。

上海宝山新顾村大家园小区在初始设计时，出于美观和绿化考虑，选择铺设大面积草皮，但未预先规划具体的步行路线。随着居民入住，部分居民为便捷通行，在草皮上踩出小路，形成了实际的行走路径。居民区党支部随后召开居委、业委、物业三方联席会议，决定根据居民实际踩出的路径，将小土路"转正"为正式道路。这种由村民共谋并持续灵活调整的规划方式，能够根据居民的实际需求和使用习惯完善设施，实现设计与使用的和谐统一。

在未来的渡河村共同缔造项目中，明确达成共识的需求后，应鼓励村民自主参与"放线"过程，思考哪里需要休憩区、哪里需要遮阴设施、哪里需要更便捷的通道。这一共同缔造的过程不仅能解决长期积累的问题，还能激发村民的积极性。当村民世代积累的智慧与这种对人居空间改造行之有效的机制相结合时，村民们将逐步形成从提出愿景到实现愿景的良性循环，共同缔造美好环境与幸福生活也会成为村民的日常习惯。

（黄洋　硕士研究生）

第八节　百年风雨百年梦，共同缔造惠乡村

欣闻中山大学喜逢百年校庆，借此机会，我谨代表五祖镇党委、政府向在渡河村共同缔造省级试点工作中给予五祖指导与帮扶的中山大学李郇教授团队表示衷心的感谢，向中山大学全体师生员工致以最诚挚的祝福。

自 2023 年 9 月五祖镇渡河村开展共同缔造省级试点工作以来，李郇教授团队第一时间扎根村组一线，与五祖干部群众"吃在一起、想在一起、干在一起、融在一起"，为我们理思路、教方法、做规划、建游园。九个月的时间，我们与李郇教授团队一起探索出健全组织体系，反复发动群众，办好民生实事，发展特色产业，探索管用机制的"五步工作法"，一起将鄂东地区一个普普通通的小村落变成了环境美、百姓乐、人气旺、社会赞的网红村庄。

在渡河村共同缔造省级试点工作中，我深刻感受到中山大学扎实的理论学风。试点工作开展之初，我们镇村干部对共同缔造理念知之甚少，更有少数镇村干部片面认为开展共同缔造就是等上级给项目给资金，在村里修公路、建公厕、装路灯，帮助群众改善村庄环境。李郇教授团队到来后，为加深我们对共同缔造深刻内涵和实践路径的了解，耐心地给我们讲理论、教方法、传经验，从"云浮实验"到"美丽厦门"，到"幸福沈阳"，再到"美好环境与幸福生活共同缔造"，李郇教授团队深厚的理论功底和生动形象的授课，让我们知道共同缔造是推进基层治理体系现代化的有效载体，是激活乡村自治、实现乡村振兴的重要路径，为我们推动渡河村共同缔造省级试点建设奠定了理论基础。

在渡河村共同缔造省级试点工作中，我深刻感受到中山大学务实的实践作风。为彻底摸清村情民意，李郇教授团队在陈銮博士的带领下，和我们一同顶着烈日、迎着高温，挨家挨户敲门，对渡河全村 440 户 1598 人进行逐一走访、认真调研，从"照本宣科""划清重点"式的说教变为"走亲访友""喝茶唠天"式的聊天，中山大学一行人诚恳务实的态度使村民从起初的冷漠排斥到后来的敞开心扉，最终在"家长里短""柴米油盐"中把老百姓关心关注的问题建议捞清捞全，为我们创建"1 + 4N"的组织体系（"1"即建强党的组织，"4N"即自治组织、群团组织、社会组织、经济组织），推进渡河村共同缔造工作找准了工作方向。

在渡河村共同缔造省级试点工作中，我深刻感受到中山大学严谨的治学校风。在九个月的渡河实践里，我们同心同向、同行同谋，白天进村入户、共同建设，晚上集体讨论、制订方案，夜以继日、废寝忘食地共同缔造只为加快实现渡河村的美丽蝶变。在渡河村党员群众服务中心的照片墙上，入户走访、开展活动、共建村组……每

一个光影无不记录着中山大学团队在渡河村缔造魅力村庄的辛勤付出，每一张照片无不承载着中山大学团队在渡河村探索基层治理的美好瞬间。李郇教授团队勤耕不辍、奋楫笃行的奋斗姿态和一丝不苟、精益求精的求知态度，无不彰显着中山大学"博学、审问、慎思、明辨、笃行"的校训精神，值得我们五祖每一位党员干部学习，为我们今后推广渡河村共同缔造经验竖起了精神标杆。

百年风雨兼程，百年弦歌不辍。中山大学泽岭南山川之灵秀、汇千年文脉之精华、凝万千学子之耕绩、开近现代大学教育之先河，百年来在披荆斩棘中而履践致远，在励精图治中而骏业日新。中山大学即将开启新的百年征程，我相信李郇教授和他的团队一定会踔厉奋发、笃行不怠，每一位中山大学人也一定会大有可为、大有作为，为实现国家乡村振兴、民族伟大复兴贡献出中山大学的智慧和力量。

最后，再次祝愿百年中山大学桃李芬芳、再续华章！

（徐树乔　五祖镇党委书记）

第九节　推进共同缔造要紧紧抓好群众中的关键群体

渡河村共同缔造省级试点工作自2023年9月开展以来，始终突出群众这一主体，抓好群众中的主力，将群众组织起来，推动一件件实事落实落地、一个个组织运转生效，群众的参与性、治理的有效性进一步提升。推进共同缔造的重点在于组织发动群众，组织发动群众的重点在于抓好关键人群。在一个湾落有几十上百个群众，他们对一件事的认知、觉悟、能力是不一样的，我们要善于抓两头、带中间。

一是抓牢积极分子。要牢牢抓住群众中的积极分子、优秀分子，抓住威信高、热心公益、公道正派的群众代表，发挥他们的带动性和示范性，架起湾落群众与村民小组、与村"两委"的桥梁。在老渡河街邻里互助中心建设中，威望高的程正雄无偿捐出闲置老屋，小组长於记中主动投劳。在这些积极分子的带动下，村民筹集资金3000余元购买桌椅、挂件等设施，20余名村民自愿成为"义务管理员"，轮流管理互助中心。

二是选好理事会成员。要选准选好选优村民理事会成员，建强这一自治组织，带领引导群众定"实事项目"、定"实施方案"、定"建设方式"，鼓励农户让地、让利、捐物、出资、投劳，共同建设、共同管理。如第一小组程塆桥年久失修，无法满足村民日常生产、生活出行需求。为此，我们在全面摸排、多方走访后，引导第一小组村民成立了以第一小组的村小组长、小组工匠为成员的5人桥梁修缮理事会，牵头负责桥梁整修和后期管理维护工作。

三是争取徘徊观望者。任何试点工作在推进初期必定会有徘徊观望者，针对这一人群，最管用、最有效的方法便是将实事真正地做到他们心坎上，使共同缔造带来的"实惠"看得见、摸得着、感受得到，争取他们的支持。渡河村有房前种菜、屋后栽树的习惯。我们在几番摸排走访后，决定在第四、第五小组率先开展小果园、小菜园建设。村里出物、群众出力，这一行动赢得了群众的一致好评。我们又乘势追击，在各小组安装升级了路灯，解决了大家出行不便的难题。随着村民关心的实事逐一落地，越来越多的徘徊观望者加入共同缔造之中。

四是带动全村村民。推进共同缔造总会遇到部分群众不理解、不支持，如果简单以"少数服从多数"为理由不理睬，甚至放弃他们，那是不可取的。思想观念的转变需要时间、过程。我们从人居环境出发，推出"逢三议事、逢六评比、逢九兑换"的渡河村美好环境与幸福生活共同缔造积分管理办法，开展小组互评、庭院竞评等活动，让尽可能多的群众参与进来，感受共同缔造真谛，进而逐步带动全村参与。

（熊峰　五祖镇党委副书记）

第十节　共同缔造：蝶变中的渡河

自2023年9月25日渡河村开展共同缔造以来，我的心态经历了三次过山车式的变化。首先是在接到省级试点的消息时欣喜若狂，感觉这是泼天的富贵降临，心里是浮想联翩，憧憬美好未来的画面，在脑海里久久不能散去，跟村"两委"探讨着大项目来了要如何分配。

经过了半年的进村调研，通过学习探索总结，我感觉自己对共同缔造有了更深刻的理解和见解，抱着一颗平常心和对事项负责任的心态来用事实验证一下理论是否真的可行，是否能行得通，或者在实施过程中会出现什么问题。我亲自领办一两个事项来试着实施，得到的结果是可行的，比我刚开始想象的要容易，而且意外收获很多。通过自己的带头示范，群众的参与热情很高，而且对整个事件的进展非常关心。共同缔造是可行的、可以实现的，但一定要用对方法、尊重民意，从小事入手，做群众有需求的事，以身作则带动引领，这样就一定能够成功。

（陈浩　渡河村党支部书记）

附　　录

附录1　渡河村现状调查结果

一、社会经济数据

1. 人口

全村共有440户，户籍人口1598人，常住人口500多人。

全村常年在外务工563人，主要务工地点为福建、广东、浙江、武汉，主要就业于建筑行业、服装行业和工厂等行业。

村常住人口1091人，其中都是以老年、妇女、儿童为主。他们主要从事农业、手工业、果木种植等。

外来人口382人，是木桥村、蔡田村、大坪村、大垸村、土桥村、白羊村、苦竹乡下垸村、柳林乡望江村等村搬迁移民。

全村18岁以下的村民有337人，70岁以上的村民有167人。

全村有8个村民小组，10个自然墩，其中1组、3组各有2个自然墩，其余各小组有1个自然墩。

其中，1组返乡人口最多，6组空心化最严重。见附表1-1。

附表1-1　渡河村常住人口现状

小组	常住	户籍	常住户籍比	返乡	返乡比	18岁以下村民（人）	70岁以上村民（人）
1	135	310	44%	29	21%	74	28
2	96	251	38%	15	16%	59	25
3	95	241	39%	7	7%	49	35
4	68	221	31%	3	4%	41	22
5	52	181	29%	3	6%	31	20
6	51	188	27%	6	12%	40	16

续上表

小组	常住	户籍	常住户籍比	返乡	返乡比	18岁以下村民（人）	70岁以上村民（人）
7	69	146	47%	10	14%	33	15
8	21	60	35%	4	19%	10	6
总计	587	1598	37%	77	5%	337	167

2．房屋

全村房屋分为三类，见附表1-2：

第一类房屋为在外打工、过年回家的村民所有，普遍较新。

第二类房屋为闲置房屋，房体陈旧。户主在外工作且买房，多数是搬迁移民或外来人口。

第三类房屋为危房，1、2组分布较多。

附表1-2　渡河村房屋现状

小组	无人居住房屋	第一类房屋	第二类房屋	第三类房屋
1	16	12	2	2
2	15	10	5	0
3	13	11	2	0
4	3	1	1	1
5	12	3	4	5
6	5	1	1	3
7	7	1	3	3
路边	23	22	1	0

8组10户村民分布在村主干道两旁，建筑房屋情况较好。其中，有1户有宅基地没有建房，在外打工、经济条件不好。有1户是五保户，平房，建筑面积小。还有1户是特困户，户主张×女，男，聋哑人，患有轻微的精神病。家里只有一位老母亲，2022年政府出资翻修。

3．耕地

村内总共1056亩农田，流转245亩，A8籼稻185亩。

4．公共服务设施

有1所九年一贯制学校——思源实验学校，村内学龄儿童基本在思源学校上学。从村里步行过去大概20分钟，学生上、下学以家长接送为主。

镇区有1所小天才幼儿园，从村里步行过去大概30分钟，平日有校车接送。

村卫生室实质上是私人运营，村医水平一般。村离镇区比较近，可以去镇卫生院看病。

5. 基础设施

水、电、网已经实现全覆盖，天然气未开通。通组公路全部硬化，但通户道路硬化率不高，2条横山公路穿境而过。

1个党员群众服务中心，1座变压站，2家小超市，1个物流快递点，1个卫生室。

二、自然与历史文化资源

1. 山林水体

村域面积3.56平方公里，山林面积2320.08亩，特色水果206.3亩，花卉、苗木基地196亩，耕地面积1546.8亩。日常灌溉蓄水池塘11个，沙坑池塘5个，共计面积382.5亩。渡河村集体花卉、苗木54亩。

（1）当家塘。

1组：有2个当家塘，据老人描述是先有小水坑，再在旁边建民居（已经不知道有多少年了），而后因人们的生产生活需求扩大，慢慢扩充水塘范围。水来自垅坪干渠，水塘最初是作为洗衣服、洗菜用途，近几年1组村民多前往垅坪干渠洗衣服、洗菜。当前水塘被几个村民承包养鱼，每年承包费用200元左右。调研发现水塘漂浮着些许垃圾，管护力度较为薄弱。该水塘目前没有灌溉功能。

2组：有1个当家塘，当前芦苇丛生，已经不太能看清楚是一个水塘。中部有养殖莲蓬，也是被2组村民承包养鱼。村民说这个水塘在50年前还能游泳，目前已经淤塞不堪。以前1组和2组是一个小组，统称为於上屋。於上屋被3个水塘环绕包围，2组水塘起到了一个分离阻挡作用，形成於上屋的完整人居单元。该水塘目前没有灌溉功能。

3组：以前与於上屋对应，叫於大屋。两者没有连在一起，是分开的状态，是因为如果全部聚在一起种地不太方便。3组有2个水塘，均承担灌溉功能。当旁边高干渠没水时，村民会从3组的2个水塘里取水灌溉果树和农田，取水不用收钱。当前村民取水一般不会在水塘，都是就近在垅坪干渠取水。

4组：20世纪80年代挖的水塘，当时是小组内部开会建设，好几个带头人，通过小组集体出资，各家各户出工出力。水塘以前用来洗衣服、灌溉。现在水塘被排入了生活污水，水质恶化，没人在里面洗衣服，都去远一些的水塘洗；平时农药喷洒之类的，还会在这里取水。

5组：之前一直作为"储水塘"，大部分时间的农田灌溉用水是垅坪水库放水，干旱时可以从储水塘抽水灌溉农田。2018年，美丽乡村建设进行了一次清淤，淤泥清走后底部的泥沙露出，没办法储水，成为"过水塘"。

6组：有村部对面普度广场旁边的水塘。这个水塘的历史比垅坪水库还久，可以供给旁边6组的农田灌溉，也用于村民日常洗涮。

7 组：有 3 个大水塘，以前泥沙比较多。7 组的水塘与 1、2、3 组的相比，面积都比较大。村民介绍这些水塘发生了三个阶段的演变，第一阶段是有淤泥沙子、有水；第二阶段在 1960—1995 年间由于垅坪水库、垅坪渠和垅坪干渠的修建，引导水流往水渠里面流淌，因此水塘缺水变成沙地；第三阶段是 1995 年后，村里用拖拉机将水塘里的沙子清走，又把水引进来，形成了当前的水塘。当前 7 组 3 个水塘都被人承包了养鱼，较前面几组规模大。目前水塘的主要功能是养鱼、灌溉。

（2）灌溉渠。渡河村的灌溉渠可以概括为"一个水库，两个主渠，一个次渠，若干小渠"。一个水库指的是垅坪水库，于 1958 年修建，为全县提供生产生活用水。两个主渠指的是垅坪干渠与垅坪渠，垅坪干渠位于村中部，于 20 世纪 50 年代左右修建完成，惠及沿线村民的灌溉与生活用水需求；垅坪渠位于村东部，于 1982 年左右修建完成，主要用作分洪，以及渡河村外其他村落的灌溉（基本不惠及渡河村的灌溉用水需求）。一个次渠指的是西北边的高干渠，是村民在集体时期投工投劳建设而成，灌溉主要惠及北边、西边的农田和果树用水需求；但一年枯水时候比较多，当前就是枯水状态。若干小渠指的是从大渠里面连通复合的网状小渠，将水输送至各农田。

2. 历史文化

（1）渡河桥。禅宗"迷时师度，悟时自度"的公案。据记载，唐朝年间四祖法师道信送弟子弘忍至多云山老渡河口渡河而得名。渡河村位于黄梅县北部山区多云山南麓，距县城 8 公里，距著名佛教圣地五祖寺 4 公里，城五公路、横山旅游公路东西穿过，龙坪河、西河南北贯通。

（2）渡河老街。渡河老街位于 4 组，据两个老爷爷讲述，渡河老街在他们的爷爷辈时期就有了。20 世纪 20 年代从山上搬下来开小店铺的人组成了这条商铺一条街。当时的渡河老街是从五祖通往西边的必经之路，相当于一个集市，街两边卖豆腐的、卖肉的、卖药的、卖陶瓷的，很是热闹。这些生意人从当地地主手里买个五分田，种粮食供给自家五六口人生活。

三、产业发展

1. 丝瓜种植

丝瓜种植项目位于五祖镇渡河村，毗邻城五公路，是由村委会与国农数字产业集团联合共同打造的共富产业基地项目。该项目一期流转了土地 245 亩。一亩土地流转费 600 元，其中村集体 100 元、老百姓 500 元。2022 年的村集体收入有 10 万余元。

项目投资方为三亚景泰投资有限公司，法人商国良是黄梅本地人。因看中渡河村山好、水好、民风好，决定在这里投资。村合作社协助管理，享有利润 10% 分红，合作社负责人参与日常经营管理，但不参与决策。

丝瓜市场波动较大，2022 年市价是 8 万元/吨至 9 万元/吨，但 2023 年跌至 4 万元/吨，而项目回本需达到 6 万元/吨。丝瓜仍以原材料的形式销售，主要销往浙江、山东等地。目前每亩种植 320 株丝瓜，单株产量从 0.3～~1.5 斤不等，每亩可收获

300多株丝瓜。丝瓜的种植周期为一年三收,春季3月进行基础工作(除草、清沟等),4月接夏苗,2个月时间上架开花,再过2个月成熟。伏天收伏瓜,10月收秋瓜。

丝瓜的生产流动包括采摘、浸泡(天气热时需要1星期)、剥皮、晒干、打包。项目日常雇佣10余人,农忙时增加至20余人,工资标准为85元/天,每天工作8小时,雇工均来自周边村组。

2. 雪梨种植

渡河村位于黄梅县五祖镇多云山南麓,山林面积2320.05亩,以野生松树、柏树为主。其中,山林特色水果基地面积206.3余亩,是鄂东地区著名的雪梨种植基地。

20世纪80年代中期,村集体从四川引进雪梨品种,将约206.3亩山林全面栽种雪梨,使其成为鄂东特色水果名优产品。然而,90年代,因雪梨黑心病严重,渡河村又引进了湘南优良品种黄花梨。黄花梨亩产可达2500斤,单价4.00元/斤,每亩种植成本3000元,为村民带来了可观的收益。近年来,面对树龄老化、土地酸化、果农老龄化等问题,渡河村积极对果园进行升级改造,通过引进滴灌设施促农增产增收,复垦近50亩荒地,新建黄桃园20亩、柑橘园20亩,进一步丰富果品种类。为优化管理模式,村集体成立林特色水果专业合作社,采取"村集体+合作社+农户"发展模式整合村庄特色水果资源。渡河村的雪梨以其甜度闻名,每年7月上市,一年挂一次果。未来计划打造一个规模化、现代化的雪梨基地,但目前由于缺乏专业的技术团队支撑,项目推进遇到瓶颈。

3. 东山硒陶

2017年,由政府引进"东山硒陶园"工艺制品有限公司。公司占地18亩,已建有综合楼、展示厅、练泥车间、拉坯车间、晾晒车间、煅烧车间等基础设施。2008年被评为省级非物质文化遗产的东山硒陶,承载着传统工艺传承的使命。但是,目前人才缺乏、销路不畅和新产品开发能力弱三大难题,成为制约东山硒陶发展的主要障碍。

公司老板以前在浙江德清工作。将从外面学到的手艺结合现代工艺,专注于制作家庭硒陶制品。产品主要通过网上销售,以礼品市场为主。目前,公司有6～7个人从事电商直播,村里有10余名老手艺人参与硒陶制作,月工资大概是3000元,有些技工高一点。

目前,企业最大的困难是场地受限,急需扩建大型车间以满足生产需求。此外,煅烧工艺采用电烧方式,成本较高,而距离镇区2公里的厂区尚未接入天然气,进一步增加了生产成本。为突破发展瓶颈,项目计划未来投资1.1亿元,分三期进行扩建和升级。规划用地200亩,建筑面积36500平方米,计划建设雕塑车间、雕塑展厅、中外书画与雕塑艺术家交流中心和艺术家工作室。

4. A8籼稻

该项目核心示范区位于渡河村5个村民小组,示范片总面积200亩。渡河村与湖北永盛米业合作,引进A8籼稻系杂交节水抗旱稻。该稻具有产量高、繁茂性好的特点,茎秆粗壮,抗倒,根系发达,吸肥吸水能力强,高产田生长旺盛,可达750千克/亩潜力,水直播一般田块亩产 600 千克左右。

5. 天马鳗鱼基地

该基地老板是黄梅人,早年外出到福建打工,后返乡创业。鳗鱼养殖的污水处理之后可以达到地表四类水标准,减少了对环境的负面影响。目前鳗鱼基地只是涉及渡河村的少许用地,与村民的直接联系尚不紧密。

四、村庄组织

(1) 民兵连。连长:王习文。指导员:陈浩。成员:各小组组长及退役军人等共计 33 人。主要职责:负责民兵组织建设和登记工作,完成上级交给的各项训练任务,负责适龄青年参军宣传及防洪抢险等工作。

(2) 村民理事会。会长:於艳中。成员:潘德旺、於建国、於国灿。主要职责:鼓励和调动群众参政议政的积极性,建立健全村民议事制度,全面公开村务,推进基层民主政治建设。

(3) 财务监督委员会。会长:於艳中。成员:於金桥、潘德旺、於建国。主要职责:监督村务决策程序执行情况,监督村务公开、党务公开、财务公开,开展民主理财,并对村财务收支情况进行审核。

(4) 渡河村广场舞队。有领队 1 人,成员 11 人,领队李文姣。

(5) 渡河村腰鼓队。有领队 1 人,成员 11 人,领队李文姣。组建宗旨是为了增强我村妇女联动意识、参与意识、合作意识、团结意识。

(6) 村红白理事会。优化协调本村婚丧嫁娶中铺张浪费、愚昧落后的陋习,做到婚事新办、丧事简办,提倡文明、健康、科学的生活方式。

(7) 理事会(新成立)。会长由村支部书记陈浩兼任,成员 14 人,分别由村"两委"干部和村民小组长(党小组长)兼任。组长由各村民小组长兼任,各有成员 3～5 人。

五、村庄党员

渡河村支部现有正式党员 57 名(在家 43 名,在外 14 名)。其中,1 组 8 名,2 组 9 名,3 组 5 名,4 组 8 名,5 组 11 名,6 组 8 名,7 组 7 名,8 组 2 名。

3 个党小组,第一党小组 22 人(1、2、3 组),其中在外务工 3 人;第二党小组 19 人(4、5 组),其中在外务工 7 人;第三党小组 17 人(6、7、8 组),其中在外务工 4 人。

附录2 渡河村历史地理研究

　　禅宗兴起集中发现在湖北黄梅,且更令人不可思议的是,这一切又都与渡河村紧密相连,禅宗往事如今仍然埋藏在村西边"多云山"以及村东边"渡河"中。渡河村隶属于五祖镇,位于黄梅县北部山区的多云山南麓。这个小村的一"山"一"水"见证了禅宗的兴起。多云山在渡河西部,山顶常有云气,天旱时,人们常以云气为测天雨的象征,故名。古称黄梅十景之一的"多云樵唱",说的就是这里。多云山上有一古刹名广福寺,三面群山环抱,面对一山谷口,寺前约有100亩自东向西倾斜的开阔地,形如燕窝,俗称燕窝地。清康熙甲戌进士、吏部主事黄利通曾登多云山诗曰:

　　　　看山兴到便忘年,踏向深山半是仙。
　　　　曲路询人多缩地,炊烟升屋欲扳天。
　　　　云中樵唱罡风和,石上丹炉野火燃。
　　　　元亮索心无妄语,武陵定不是空传。

　　　　一杖真堪当软轮,浮云掩尽万山清。
　　　　草深细认桃花径,柯灿刚闻涧水声。
　　　　古塚荒烟伤寂寞,隔江青嶂自分明。
　　　　此来正在沉酣后,沽酒无劳惠远情。

　　　　碧岫颇僧僧扰去,白云合导我前来。
　　　　龙潭水溅晴天雪,鹿苑钟鸣下界雷。
　　　　几处村烟藏竹坞,一林霁色落苍苔。
　　　　故人款款催归去,辜负诗狂到一回[①]。

　　广福寺中唯有一个小师傅在修行。他本是湖南人,因种种原因而遁入空门,学习禅宗。旁边一大片菜园正是他所亲手种植,我们去的时候正值初冬,空心菜都结上了薄薄的一层霜。天气初肃时,菜园旁边一座空心石塔仿佛生出屡屡白雾。同行村支书介绍道,"这座塔是达摩祖师的死对头的埋骨地"。这不禁引起了我们的巨大好奇心,达摩祖师作为不世出的高僧大德还有死对头?这是一段什么样的往事呢?

　　但其实村支书也不知道这段往事的具体情况,万一情况不属实,考虑到佛前不宜妄语,我们也没法去求教小师傅,便下山来寻求其他办法。遗憾的是,在我们向老一辈村民询问这段往事时他们都显得迷茫无措,心里想到或许是因为年代太久远这段往事只能付诸尘埃了。尘埃?!想到这我们发现了新出路,也许那些布满尘埃的县志、

---

① 流响文学社:《访千年古寺 寻佛法禅缘》,http://www.360doc.com/content/22/0812/21/75921427_1043563712.shtml,2022年8月12日。

古书会有记载。现存《黄梅县志》共有 3 版，分别是顺治版、乾隆版以及光绪版。我们最终在顺治版的《黄梅县志》看到这么一句话，"流支禅师，中印度人，梁武帝时与达摩同来，译经藏，于梅地建道场曰菩提。后圆寂于多云山，其塔在焉①。"原来在达摩传法时，有一位流支禅师，这不由得让我们心里一惊。关于这位流支禅师的过往，县志没有描述过多。就在我们困惑之际，有村干部突然想到在村委会的二楼村史馆看到过一本叫《渡河岸边的禅缘禅趣》的书，上面貌似讲到了这段往事。听到这个消息，我们连忙上二楼书架上翻阅，翻找了许久，最终在一个夹缝中发现了这本书。这本书的作者是周濯街，就是黄梅本地人，国家一级作家，以整理编撰民间故事和通俗文学而远近闻名。《渡河岸边的禅缘禅趣》中援引多云山上的立于乾隆十六年《临济正宗三十二世天峰真性和尚之塔》的一块白色古碑的碑文，详细讲述了这么一段故事：

真性和尚生于（明朝）天启庚申年十一月十五日，系本邑王氏子也，王族世习儒业师。示生始四岁即具佛性，祝发为僧，长而历游诸名山佛寺，顿悟禅宗师德益高，僧徒日众人，江、浙、湖三省皈依四众，不下千余人。既而幡然归居多云，创兴寺院。

夫多云一山，乃菩提流支自西域来阐教中土，卓锡于此独传千有余年。基堪难存，榛芜几废，而师来重建之，则师即支祖之后身（意即菩提流支投胎转世）也。（真性）师自工圆满后，略施显化。其威扬也！……享寿八十有二，殁于康熙辛巳年九月十二日子时。示寂于兹山，为塔于（菩提流支）祖塔之前安立！门人诚琪兰谷和尚勒石以表之。

匪以报师德，俾后之四众追慕皈依者有所瞻仰，云尔。是为表。

皇清乾隆十六年（公元 1751 年）孟冬月谷旦曾孙照霞立。

诰封文林郎乡贡进士本邑奉教弟子董红基稽首拜传②。

清朝年间，禅宗的分支临济宗第三十二代高僧真性和尚为菩提流支转世，在菩提流支归隐的多云山重修了早已荒废的寺院。菩提流支当年所建寺院为菩提寺，现在在多云山内已不复存在，唯有广福寺。结合出土的墓碑，广福寺应该就是当年的菩提寺！原来一代高僧圆寂于此，给多云山留下了一段段传说。

至于村支书一开始所说的，"这座塔是达摩祖师的死对头的埋骨地"。我们也在书内找到了缘由：

凡是探过禅宗历史的人，都知道菩提流支原本住在洛阳，是因为先后五次想毒死菩提达摩，前五次都被达摩自己救活了。魏文帝大统二年，达摩将衣钵传给二祖慧可后，菩提流支借朋友请他们吃饭之机，第六次下毒，毒死了达摩。菩提流支连夜潜逃，四处躲避。最终来到黄梅、跨越渡河躲避于多云山中，圆寂于渡河岸边。因是畏罪潜逃，所以《佛光大辞典》在曰："菩提流支天平年间（534—537 年）师犹在，后不知所终。"这便是《五灯会元》卷一所记载那宗："菩提流支加毒药于达摩祖师。

---

① ［清］沈元寅、徐昱、萧蕴枢等：《顺治版黄梅县志》，武汉大学出版社 2022 年版。
② 周濯街：《渡河岸边的禅缘禅趣》（出版社与时间信息未知）。

至第六度遂不复救之,断局而逝。即魏文帝大统二年(公元536年)年丙辰十月五日也。"既千年不解,又千年未解的禅宗公案①。

在广泛查找网络资料的情况下,我们又看到关于菩提流支的另一种传说。菩提流支是印度的大乘瑜伽系佛教学者,于北魏永平元年(508年)经西域来到洛阳,受到魏宣武帝的优礼,提供优越的条件让他从事译经工作。他"遍通三藏,妙入总持,志在弘法,广流视听。遂挟道宵,征远莅葱左。宣武皇帝,下敕引劳,供拟殷华,处之永宁大寺,四事将给。七百梵僧,敕以留支,为译经之元匠也②。"菩提流支在密宗法术上,也是独步一时,无人可与抗衡。据说有一次他曾经诵咒使井水满至井栏,用钵舀水盥洗,被人崇拜为神圣。菩提流支对中国净土宗的形成也有贡献,为创建净土宗奠定了基础。所以佛教史上一般认为昙鸾的净土学说乃是传自菩提流支。佛教本无门派分别,但在度众生中,因众生根器不同,产生了教法的不同。不同的教法形成了自己的特色,也就形成了自己的派别。净土宗在佛教历史上是和禅宗并立的一大宗派,与禅宗教法大相径庭。禅宗明心见性非大智慧者难以理解,因此净土宗强调修行,以"持名念佛"的方式逐渐追求解脱。可以认为的是,菩提流支是否加害菩提祖师再难以知晓,但其奠基的净土宗在教法方面和禅宗无疑存在冲突,或许正因为此便成为达摩祖师及其所传禅法的"死对头"。千年风雨,多云山上埋藏的秘密或许将会永远隐入历史的尘埃,如今只剩下衰草枯黄,不由得令人唏嘘。也正如清朝咸丰年间进士梅雨田登上多云山留下的诗篇:

印度东土初祖从,流支疏塔碧苔封。

多云山上多云葭,寂寞荒山野寺钟③。

也许是存在何种机缘,令人没想到的是禅宗竟然在菩提流支圆寂处兴盛起来,而这已经是100多年后的故事,和多云山遥相呼应的渡河见证了禅宗历史的"两渡",正是发生在渡河村的"两渡"让禅宗真正发扬光大。六祖惠能出生在广东新兴,年少时听人诵《金刚经》而北上黄梅拜谒五祖,后五祖召集门人作偈子以传衣钵,惠能大师作"菩提本无树,明镜亦非台。本来无一物,何处惹尘埃?"一偈的五祖期许。五祖向六祖说:"昔达磨大师,初来此土,人未之信,故传此衣,以为信体,代代相承。法则以心传心,皆令自悟自解。自古佛佛惟传本体,师师密付本心。衣为争端,止汝勿传④。"说完,五祖便亲自把惠能连夜送到九江驿。临行前,五祖又嘱咐惠能他的法缘在南方,让他不要急于出来弘法。惠能禅师发足南行到了大庾岭,并一度在猎人队隐迹长达十五年之久。此后,因缘成熟了,才来到广州法性寺,在印宗法师的座下剃度,开始了他辉煌的弘法生涯。

在《渡河岸边的禅缘禅趣》中,作者便收录了这两条公案:

---

① 周濯街:《渡河岸边的禅缘禅趣》(出版社与时间信息未知)。
② 赖永海:《唐高僧传》,东方出版社2019年版。
③ 引自百度百科:菩提流支专栏 https://baike.baidu.com/item/%E8%8F%A9%E6%8F%90%E6%B5%81%E6%94%AF/8086451。
④ [唐]惠能:《六祖坛经》,凤凰出版社2010年版。

1. 先立禅宗后渡河

道信送弘忍至渡河岸边，道："为师只能送你至渡河西岸，将来的路你得自己走了啊！"

弘忍："东山宝地近在咫尺，隔河自渡易于反掌！"

道信："切记：'行百里者半九十'，先立禅宗后渡河！"

2. 迷时师度，悟了自度

弘忍将衣钵袈裟传给惠能，并将他送到江边上船后，双手持桨准备渡江。

惠能："师傅请坐，让弟子来摇桨吧。"

弘忍："应该师度徒呵！"

惠能："迷时师度，悟了自度。"

弘忍："说得好，以后禅法就由你而大兴了。"

渡河村东部有东山，东山之巅有五祖道场——五祖寺；西部有西山，佛教禅宗四祖道场——四祖寺坐落其间。作为连接四祖与五祖两大法脉的核心，曾在这里发生的"两渡"将四祖、五祖、六祖的法脉紧密相连。两个传说都不约而同提到有条河，而且河的宽度应该不小，需要乘坐小船才能通过。那么，这条河又去哪里了呢？

据当地人讲，"我们这里以前有一个宽广的大河，上面还有一座桥，不过桥在20世纪60年代的时候垮塌了"。查看渡河村卫星平面图，可以看到村东边有几个零散的水塘从南向北交替排布，我们推测这些水塘以前会不会就是串联的一条河呢？

我们注意到渡河村北边有一个垅坪湖，这应当是由于地质构造演变和降水而形成的一个积水湖，1958年的时候在上面修建了垅坪水库，为全县提供生产生活用水。老一点的村民还记得，"垅坪水库和几条渠道还没修之前我们这里水很大的"。查看黄梅县志古地图，可以看到由南往北、流经渡河村的三条河道，其中一条为县河，发源于多云山，流向老县城。这三条河道和现在从垅坪湖下来，贯穿渡河村南北的三条渠道位置高度相近，猜测目前三条渠就是以原本的三条河道为基础开凿的。三条渠道包括两个主渠和一个次渠，除此之外还有若干小渠。两个主渠指的是垅坪干渠与垅坪渠，垅坪干渠位于村中部，在50年代左右修建完成，惠及沿线村民的灌溉与生活用水；垅坪渠位于村东部，在1982年左右修建完成，主要用作分洪，以及渡河村外其他村落的灌溉（基本不惠及渡河村的灌溉）。一个次渠指的是西北边的高干渠，是村民在集体时期投工投劳建设而成，灌溉主要惠及北边、西边的农田和果树；但一年枯水时候比较多。若干小渠指的是从大渠里面连通复合的网状小渠，将水输送至各农田。

在这几条渠没修的时候，垅坪湖的水会顺着山口往南流出，特别在汛期，水沿着换刀岭和东坪山间的小路涌出来，并逐渐演化出长流河和时令河。当时的长流河很宽，所以村民需要坐船或者通过桥梁进出村庄。关于这一点，我们在渡河村中部的一大片水塘中找到桥墩和粘在泥土中的一些碎石块，"这就是当时那个桥"，有村民如此说道。

可以确定的是，垅坪水库及三条渠道的建成抑制了河流的地表径流，导致原本完整的河流水量减少甚至断流，最终形成带状分布的大水塘，即如今的样貌。这些大水塘分布于聚落外围,是农田灌溉的主要水源。事实上,周边农田大多是在河水退去后,村民于河床上开垦而成的。"这里的田肥力很好",村民认为这得益于河泥的长期滋养,因而至今仍保持较高肥力。

除村庄外围的大塘外,聚落内部还分布着众多规模较小的"风水塘"。各小组的民房基本围绕风水塘选址建设,形成"宅在塘边、塘在村中"的理性空间格局。每个小组都拥有自己的当家塘,村民也都能讲述与之相关的故事。当家塘不仅是村内重要的景观节点,更承载着村民的共同记忆。

1组:村中有2口历史悠久的水塘。据村中长者回忆,"老辈人说,这些水塘最初只是小水坑,后来因生产和生活用水需求增加,才逐渐扩建至如今的规模。"水塘的水源来自垅坪干渠,早年主要用于洗衣、洗菜,但近年来,村民更倾向于直接去干渠洗涤。目前,水塘由几位村民承包养鱼,年承包费约200元。然而,调研发现塘面漂浮垃圾,维护管理较为欠缺,且水塘已无灌溉功能。

2组:该组有1口当家塘,但因芦苇丛生,塘岸轮廓已难辨认。塘中心种植莲藕,同样由村民承包养鱼。村民回忆:"五十年前这里水清见底,还能游泳",但如今淤塞严重。历史上,1组和2组同属"於上屋",周边曾有3口水塘环绕,其中2组的这口塘兼具分隔和保护作用,构成完整的居住单元。目前,该塘已无灌溉功能。

3组:该组2口水塘均具灌溉功能。"天旱时就从这里抽水",当高干渠缺水,村民会免费取塘水灌溉农田和果树。不过,如今大家更习惯就近从垅坪干渠取水,而非直接使用塘水。

4组:这口水塘开挖于20世纪80年代,经小组会议集体决策,由带头人和村民共同出资、投工建成,过去兼具洗衣和灌溉用途。然而,"现在没人管,污水都往这里排",导致水质恶化,无法洗衣,村民只得去更远的水塘洗涤。不过,喷洒农药等农业用水仍会从此塘取水。

5组:该水塘原本用于干旱时期的灌溉储水。2018年清淤后,塘底泥沙露出,功能转变为"过水塘",如今已完全干涸。

6组:"我们组的水塘还算干净",村民介绍,这口水塘既用于农田灌溉,也满足日常洗涤需求。

7组:该组拥有3口面积较大的水塘。村民回忆:"这里曾是大片沙地,我们小时候常在此玩耍。"由于垅坪水库的建设,水塘一度沙化,但1995年后通过引水恢复,目前主要用于养鱼承包和农田灌溉。7组的大水塘正是发现断桥石料的地点,也与村名"渡河桥"渊源颇深。据光绪二年《黄梅县志》载:"渡河桥,归多云镇,僧大楞捐修,今归众姓。"表明此桥由大楞和尚主持修建,后归属周边百姓。该桥于20世纪60年代倒塌,存续时间约百年(或更久)。

这引发了新的研究问题:在渡河村自然环境已基本明晰的情况下,人类聚落是何时形成的?又是如何演变为现今格局的?面对这一宏大课题,我们决定从民间传说和口述历史切入研究。其中，多云山发生的於天宝起义事件具有重要参考价值。

据史料记载，於天宝（1853—？）系五祖镇赤塘山於家坡人，因不堪压迫于光绪九年（1883年）聚众500余人起义，劫掠渡河村富户财物分济贫民。这一事件表明，至迟在1883年，渡河村已形成相当规模的聚落。

进一步查阅《於氏族谱》发现，谱中记载的最早先祖生于乾隆戊辰年（1748年），距今约270年。由此推断，渡河村的建村历史至少可追溯至乾隆年间。

当前渡河村整体格局呈现"三大组团七小组"的分布形态。其中，第一、第二和第三组构成当地原生自然村落，是於姓氏族的主要聚居区。作为最早在渡河村定居的家族，於姓族群历史上未经历大规模整体迁徙，其村落规模随着人口繁衍和房屋增建而自然扩展。

第四、第五组以及第六组为杂姓自然村，其发展演化历史应晚于於姓氏族聚居的1、2、3组。这三个小组主要沿渡河老街至渡口一线分布，历史上以商旅客栈为主，应是伴随商业和交通功能发展而形成的村落。部分村民是20世纪60年代因垅坪水库建设生态搬迁至此，一位年长村民回忆："当时父亲带着我们三兄弟迁来，生活很艰难。我们自建房屋，后来兄弟分户又在旁边扩建。"由于村民来源多样，渡河老街沿线的4、5、6组形成杂姓聚居格局，於、李、陈、程等姓氏混杂其中。20世纪时，渡河老街是五祖通往西部的必经之路，街市繁华，两侧遍布豆腐坊、肉铺、药行和陶瓷店。有村民提及："祖上从地主手中购得五分田，靠耕作和小生意维持五六口之家生计。"

第四、第七组为独立组团，村中以陈姓氏族为主。历史上由于河流改道以及水利设施修建，该组向东北部地势稍高地区整体搬迁了100～200米，因此基础设施建设较为落后，发展历史较短。发展历史最短的是第八组，21世纪以来，随着国家推进新农村建设及生态保护工作，原位于多云山中的第八组被扶贫搬迁至山下的主要聚居区，现已并入第六组。有村民表示："我们来源于义门陈氏，村里还有陈氏大祠堂。"义门陈氏，亦称江右陈氏、江州陈氏，源于南北朝时期的陈朝，创立于唐朝开元年间，兴盛于北宋时期。唐中和四年（公元884年），唐僖宗李儇御笔亲题"义门陈氏"四字，义门陈氏由此得名。至北宋初年，已是"十三世同居，长幼七百口，不畜仆妾，上下姻睦，人无闲言"。义门陈氏原本聚居江西，如今在渡河村及黄梅其他地区也有大量后裔，推测这与元朝以后"江西填湖广"的移民历史密切相关。鄂东地区许多族谱都有祖先来自江右的记载，"居楚之家，多豫章籍"即为明证①。

黄梅县位于长江边上，时常遭受洪水侵扰。我们推测在历史上，频繁泛滥的洪灾阻碍了渡河村聚落的进一步发展。仅光绪《黄州府志》卷40就记载了清代黄梅县的数次水灾，现不完全统计如下：康熙"二十四年黄冈、蕲水、麻城、黄梅、广济、罗田大水"，"五十五年黄梅、广济水"；雍正"四年黄梅大水"，"五年黄冈、蕲州、广济大水"；乾隆"三年黄冈、麻城大水"，"二十九年大水"，"三十二年黄冈、蕲

---

① 1918年黄冈县《余氏族谱》卷1中称："冈邑人烟繁盛，户口辐辏，考其所自，多由明初奉令从江右迁徙而来"；1945年《宗氏宗谱》卷首中也称："明洪武初，命移江右于黄"，等等。转引自曹树基《中国移民史（第5卷）》，福建人民出版社1997年版，第130页。

水、罗田、蕲州大水","五十三年黄冈、蕲水、罗田、蕲州、广济、黄梅大水";嘉庆"十九年蕲州大水,黄梅大冰雪","二十年黄冈柳子港有蛟,麻城大水";道光"三年黄梅大水,饥","十一年大水至清源门","十三年黄冈、蕲州、黄梅大水","二十九年夏,大雨五十余日,大水入城,岁大饥"①。

洪水频发锤炼了黄梅人民应对洪涝灾害的勇气和智慧。新修的《黄梅县志》记载:"境内历史上有旧48圩,后发展到140圩。人们初到一地,即插草为标,筑土围堤,借以捍水定居。"在围垦开发过程中,洪涝灾害频发,但勤劳勇敢的黄梅人民不断与自然灾害抗争,历经千百年的开发和建设,最终将这片土地建成了今日的鱼米之乡。

对于渡河村而言,在垅坪水库未修建之前,汛期时垅坪湖的水会急速向下游倾泻,限制了居民聚落的定居。直到20世纪60年代垅坪水库修建以后,洪水侵扰才得以缓解。然而,单一的水库与干渠并不能完全调节汛期河流的泛滥,同时人口增长带来的农业生产规模扩大,使得水利灌溉设施的需求量也相应增加。为此,当地政府于1982年左右组织农户修建了垅坪渠,进一步分流洪峰,并为更南部的农村和城市提供生产生活用水。至此,区域内径流的调配完全得到控制,农村定居点的数量和规模进一步扩张。到了80年代,随着村主干道横山公路的建成,新的农村聚落开始沿交通干线布局发展。

应该认识到,乡村聚落形态是人们在自然环境、经济生产方式、社会关系与组织方式以及文化传统、习俗等多方面因素共同作用下,经过长期选择、适应与调整而逐步形成的。在这一漫长过程中,地形、洪水、气候等自然环境因素对聚落形态具有重要制约作用;农耕、采集、渔猎、伐木等经济生产方式深刻影响着聚落形态的塑造;乡村基层组织、宗族等社会关系与组织方式主导着聚落形态的稳定与演变;而文化传统、习俗等精神因素则为聚落形态赋予了独特的地域特色和民族风情。由此可见,乡村聚落形态的形成是一个复杂的过程,是自然、经济、社会和文化多重因素交织作用的产物②。

渡河村有特色的鱼面、糯米糕,制作这些食品几乎是每家每户都掌握的技能。房前屋后种满了橘子树、柿子树,春天梨花盛开、如云似雪;秋天金黄一片、硕果累累。村民大都淳朴善良:一是勤俭节约、诚实厚道,这一点在老一辈身上尤为明显,访谈时许多老人还热情地给我们水果;二是乐于助人,崇尚正义,於天宝的故事就体现了村民们对邪恶行为的深恶痛绝,以及在反封建和反压迫斗争中表现出的勇气和牺牲精神;三是勤于耕作,同时重视文化教育,不少家长专程到县城陪读,对子女的培养教育倾注了大量心血。

制陶文化是渡河村的重要特色,其历史可追溯至史前时期。湖北黄梅焦墩石龙遗址的考古发现表明,早在荆楚文明前期,当地先民已能熟练制作并大量使用陶器。旧黄梅县素以制陶闻名,至今县城仍保留着"建陶路"这一历史印记。据调查,改革开放前渡河村几乎家家烧陶,鼎盛时期村内有三口大窑——其中六组的古窑保存至

---

① 於莹楠:《晚清鄂东历史文化地理研究》,武汉大学2022年硕士学位论文。
② 鲁西奇:《人群·聚落·地域社会:中古南方史地初探》,厦门大学出版社2012年版。

今。走访中，一位老人向我们展示了其父辈烧制的陶罐，历经数十年仍品相完好，釉面油亮如新。随着瓷器的普及，这项传承千年的工艺在改革开放后逐渐式微，现存古窑和陶器更显珍贵。

附录3 渡河村重点人群访谈记录

一、留守群体

1. 妇女

19—60岁是劳动力的主要年龄段,渡河村该年龄段的常住人口共183人,占常住人口的31%,其中女性131人,是男性数量(52人)的两倍多。这些女性多为留守妇女,主要承担教养子女与照顾老人的家庭责任。她们有的因孩子年幼无法脱身,全职在家带娃;有的因子女在镇区或县城上学,便在附近找时间灵活的工作陪读;还有的因子女在外地上学或工作,仍需在家照顾老人或不适合外出务工而留在家中。

留守在家的年轻妇女大多没有固定工作。她们日常接送孩子上下学,闲暇时只能靠打麻将消磨时间,长此以往,容易引发家庭矛盾。并非她们不愿就业,而是附近缺乏既能灵活兼顾接送孩子,又符合自身技能的岗位。即便少数人在本地找到工作,也多是幼儿园幼师、纺织女工或餐饮帮工等职位,这些岗位往往不符合她们的就业意愿。因此,她们大多只能等待孩子长大、老人能帮忙照料后,再去丈夫所在的城市寻找更合适的工作。

"我特别喜欢做销售工作,之前从事销售时每天都充满干劲,成交带来的成就感让我非常快乐。同事们常说'你眼里都闪着斗志'。不过现在带着两个还没上学的宝宝,这种斗志渐渐被日常琐事消磨了。等孩子们大些,我打算去丈夫所在的城市重新找销售工作。"

——两个小孩的年轻妈妈,小孩还未到上学年龄

"我丈夫在浙江做泥瓦匠,一年只能回来一两次。我在家照顾孩子,老大和老二在荆州读大学,老三在黄梅县城读高二,老四在县城的私立初中上学。为了陪读,我在学校旁边租了个单间,一年租金6000元。平时白天孩子上学后,我就回村里种菜、打理家务。前段时间,我找了份纺织厂的零工,挣点钱补贴家用。"

——四个小孩的妈妈,县城陪读

"我之前在家陪读,如今女儿已经工作,儿子也上了大学。丈夫常年在外打工,我便留在老家照顾母亲。由于学历不高,我很难找到合适的工作。今年上半年,我在抖音上看到县城一家早餐店招聘,便去试工,做了50多天。每天凌晨四点半起床,五点赶到店里,连续站5个多小时。中午还要赶回村里做村委食堂的午饭,实在吃不消,瘦了10多斤,最后只好辞职。"

——两个孩子的妈妈,目前在村委食堂做饭

50多岁的妇女们在村妇女主任李主任的带领下，养成了晚饭后聚在一起跳广场舞的习惯，为村委会广场增添了不少生气。据她们回忆，这个传统要追溯到2012年省妇联在渡河村组建腰鼓队的时候。在那之前，她们的生活除了下地干活就是操持家务，几乎没有文娱活动可言。

"2012年那会儿，村里组建了腰鼓队，教我们跳了一段时间舞。慢慢地，大家就养成了晚上跳舞的习惯。回想以前，白天在地里干农活，晚上回家带孩子、做家务，哪能想到现在还能跳舞啊，这日子过得真有意思！"

——一位跳广场舞的阿姨，儿子一家在北京定居

渡河村已多次组织开展技能培训，包括收纳整理、母婴护理等课程。留守的年轻妈妈们希望未来能增设计算机应用、电子商务等培训项目，并期待通过考核获得相应职业资格证书，以提升就业竞争力。而年龄较长的妇女则更关注文娱活动，她们希望能建设一个室内舞蹈场地，避免受天气影响。

"咱们村的水果品质优良，如果能建个加工厂就太好了。这样既能让赋闲在家的年轻人就业，增加家庭收入，又能让她们有正经事做，免得整天带孩子打麻将，影响家庭和睦。"

——一位跳广场舞的阿姨

2. 儿童

（1）现状描述。渡河村现有170名0—18岁未成年人，其中4—15岁学龄儿童占比最高。这些儿童多来自父母单方或双方外出务工的家庭，日常放学后呈现两种养育模式：一是由管教严格的祖辈要求居家完成课业，二是由管教宽松的祖辈采取放任式照看。这种状况导致村内儿童普遍存在社交缺失问题。

（2）具体表现。通过多次儿童活动观察发现，孩子们通常只熟悉本校同班同学，对邻近村民小组的儿童却相当陌生。小朋友对于希望村子里有什么这个问题总是显得出奇一致，那便是各种各样的游乐设施。

"我想要一个秋千，可以天天坐在上面荡啊荡……"

——四年级女生，父母在外务工

"我想要一个滑滑梯，就像学校那种，最好有粉色蝴蝶图案的！"

——一年级女生，父母在外务工

孩子们对我们的活动表现出极大的热情。每次活动结束时，总有几个情感细腻的小姑娘会拉着我们的手追问：

"姐姐明天几点来呀？下次什么时候再来？记得要给我打电话哦！"

在他们的日记本里，我们也发现了这样的文字：

"今天在志愿者办公室写作业，姐姐们都很好，每人都有电脑。我特别喜欢她们。"

当被问及父母时，孩子们会突然沉默；但接到父母电话时，又会变成欢快的小话痨。这些细节让我们深深体会到：对留守儿童来说，最珍贵的礼物莫过于陪伴。

3. 老人

渡河村60岁以上的老人共有234人，占全村常住人口的近40%。在农村，60岁

的老人并不存在退休的说法。对他们而言，60岁而已，该干什么就干什么，只是去外面不好找工作，但在村里依旧可以种地生活。从数据上看，渡河村60~75岁的老人共有164人，占60岁以上老人的70%。实际调研发现，一对80多岁的老两口留守在家，承包了村里20多亩水田种植水稻，除去农药、化肥和农机成本，每年还能净赚两万元；隔壁的另一对80多岁的老两口，尽管老爷爷患病，但依然和老奶奶一起下地挖红薯、搬红薯。

留守老人们最关心的是看病吃药问题。逐年上涨的农村医保费用让他们难以负担，而每月的养老金却少得可怜。许多慢性病药物无法报销，老人们每月在医药上的开销甚至能达到近2000元。

"我有支气管炎，平时都去隔壁苦竹乡的一个诊所拿药，听说那里的偏方特别灵，每个月买药要花1600元左右。村里卫生室的药不管用。养老保险的养老金每个月只有115元，根本不够。"

——一位80多岁的老爷爷

除了基本生活需求，老人们还希望村里能提供更多文化活动。他们期盼村里开设免费的棋牌室供老人休闲，建立老年食堂让老人们安享晚年。作为黄梅戏的发源地，黄梅县的老人们大多会唱上几句，不少老人希望能组织戏曲活动，或期待送戏下乡。此外，一些有文化的老人提议开展书法、太极等活动，并表示愿意志愿担任教学老师。

"要是有一个老年食堂就好了，可以适当收费，但不要收太多，3元钱左右比较合适，同时还要保证饭菜质量。"

——一位因为身体不好明年不打算种地的老爷爷

二、种植大户

渡河村主要种植渡河梨、柑橘、桃子等果树，全村共有1000多亩果园，但种植较为分散，规模最大的也不过十多亩。村民建了一个微信群用于交流种植经验，但因缺乏有效组织，实际作用有限。

"目前有一个微信群用于交流果树种植和销售经验，我是群里的两大核心成员之一，但交流形式仅限于此，实际仍以单干为主。果树种植对技术要求较高，尤其是农药使用和农场管理方面，因为农药需要根据病害和虫害情况精准施用。听说会安排一位农业专业的教授来授课，但至今没有进展。希望能学习一些病虫害防治技术，以及如何预防品种退化的知识。"

——种植大户YJG

随着时间的推移，果树种植出现了品种退化的问题，部分种植大户引进了新品种，但由于果园灌溉设施不完善，养护成本较高。此外，果园的可进入性较差，每年梨花盛开时，大量周边游客前来赏花，却因进园道路不便而聚集在门口。

"我引进了秋月梨品种，其品质和售价较高，但秋月梨对水分和肥料的需求量比普通梨更大。因此在缺水时，我经常需要用水泵抽水灌溉。由于它对蓄水池的容量要求较大,而建造蓄水池的成本高达几十万元,因此希望大家能共同参与。"

——种植大户 HZR

"目前,渡河村的果树品种亟须统一改良。每年4月,许多游客前来观赏梨花并采摘,但因山路崎岖,部分游客不愿上山。"

——种植大户 YJG

渡河梨品质优良,深受市场欢迎,往年售价基本稳定在5元/斤。但由于缺乏有效的品牌保护措施,2022年市场上出现外地劣质梨冒充渡河梨的现象,导致价格受到冲击,最终售价跌至不足4元/斤。

"往年梨子和桃子的市场均价都在5元/斤左右,但2022年因安徽梨进入黄梅市场并冒充渡河梨,导致市场价格跌至4元/斤(约合10元3斤)。加之部分果实遭受虫害,造成直接经济损失一两万元。"

——种植大户 YJG

为拓宽销售渠道,种植户计划发展电商和直播带货等新型销售模式,并组建水果种植销售合作社,以增强市场竞争力。同时,为发展观光农业,拟共同修建果园道路,改善游客通行条件。针对灌溉用水短缺问题,将筹建提水泵站以满足生产需求。鉴于渡河水果品质优良但市场溢价不足,建议以村集体为单位建设田间冷库实现错峰销售,并建立品牌管理体系以提升产品附加值。此外,种植户亟须专业技术指导,特别是在科学用药和品种改良等方面,期望获得专家支持。

"我们一般把水果运到五祖镇或县城销售。虽然知道现在流行抖音直播带货,但我年纪大了,这些新方式不太会用。"

——种植大户 YJG

"新鲜水果的保鲜期通常只有半个月左右,大家都需要冷库。但建一个冷库要投资七八十万元,我们散户实在负担不起。"

——种植大户 YJG

"村里正在筹备成立果树研究中心,计划未来能提供农资供应和技术指导服务,准备定期邀请专家来指导。不过现在还在筹备阶段。"

——种植大户 HZR

三、返乡人员

调研发现,部分外出务工的男性已陆续返乡,其中多数曾在外从事建筑行业,担任泥水匠或包工头等职位。由于长期在外工作,返乡后存在一定的适应困难,他们普遍希望寻找新的就业机会,但受限于当地就业岗位不足的现实情况。

"当前建筑行业主要依赖农村房屋修缮工程维持运转。但由于政府加强用地审批管控,新建和翻建项目大幅减少。以2022年为例,本人承接的工程中,新建项目仅4~5户,翻建项目为零,修缮项目仅2户。从收益情况看,承建一栋房屋的工程总承包收入 1 万～2 万元，普通建筑工人收入则相对较低，通常维持在 10 人左右的用工规模。"

——返乡人员 YS

  返乡人员的需求主要集中在三个方面：一是希望获得技能培训并取得认证证书（如乡村工匠证书）以提升就业竞争力；二是期待发展本地产业，实现就近就业；三是部分创业者需要用地、宣传、技术等政策支持。

  "当前县里的能工巧匠培训缺乏乡村工匠证书颁发机制，且培训内容过于宏观，建议按技能类别开展专项培训。"

——返乡人员 YDQ

  "村里丝瓜产业效益不佳，今年价格低迷导致半年未发员工工资。相比之下，渡河地区的梨和油茶更具市场潜力——梨子年年畅销，供不应求，种植户年均收入数万元。例如黄主任年销售额达 7 万～8 万元，村民於建国也是种梨能手。"

——返乡人员 YS

  "我返乡后计划利用闲置房屋开办碾米厂，但现有政策不允许在宅基地开展此类经营活动。"

——返乡人员 YS

附录4　和美乡村共同缔造建设指引

一、和美乡村共同缔造

1. 基本内涵

美好环境与幸福生活共同缔造,从日常生活空间和群众身边的实事小事切入,以自然村为基本单元,通过建立和完善全覆盖的基层党组织为核心,构建"纵向到底、横向到边、共建共治共享"的治理体系,联结政府、市场、社会促成一致行动,发动群众"共谋共建共管共评共享",共同建设美好家园。

2. 基本要求

(1)以自然村为基本单元。自然村是村民在长期生产生活中形成的、以血缘或地缘关系为纽带的社会共同体。在推进共同缔造工作时,应统筹考虑历史沿革、治理半径、人口规模等因素,并在充分尊重群众意愿的基础上,将自然村作为基层治理的基本单元。具体措施包括:①健全村民小组组织架构,设立党小组、村民理事会;②推动群团组织向基层延伸,因地制宜引导工青妇等组织下沉至村民小组;③激发群众自治活力,鼓励组建文体娱乐、志愿服务等群众性组织;④探索村民自主治理模式,在国家资源支持的基础上,推动村民在公共物品供给、公共事务管理及社会事务互助等方面实现自我服务、自我管理。

(2)纵向到底。党建引领,推动资源、服务、平台三下沉。党的领导是建设和美乡村最根本的保障。要持续加强乡村基层党组织建设,充分发挥农村基层党组织在农村基层工作中的核心作用。在创建宜居宜业和美乡村过程中,把党支部(党小组)建到自然村一级,向上与村党组织对接,向下与村民小组党小组、党员中心户衔接,实现群众居住区域党的组织全覆盖,使党的领导扎根到村庄,让党员能人发挥带头作用,使党组织成为乡村治理的领导核心。

在党建引领下,推动资源、服务、平台向自然村一级延伸。长期以来,许多地区在乡村振兴过程中出现资源浪费现象,如农房刷白、石板路改为沥青路、健身设施闲置损坏等,而群众真正需要的田间地头、房前屋后、教育养老等方面的需求却未得到充分满足。因此,资源下沉要坚持需求导向,做到按需分配、精准投放,让宝贵资源发挥最大效用。在共性需求层面,就业、教育、医疗等是城乡社区居民的迫切需求,应积极推进就业技能培训、教联体与医共体改革。

推动高频政务服务事项下沉。例如,群众办理个体工商户注册登记、城乡最低生活保障对象认定、申领社保卡等事项,无须前往县级部门,在乡镇即可完成;而办理暂住证、生育证、困难补贴等业务时,村民只需到村党群服务中心提供身份证信息,工作人员即可调取预填表格供确认,避免老年人因不识字或不会填表带来的不便,实现"办事不出村"。

整合闲置资源推动平台下沉。针对农村空心化导致的房屋空置问题,可将其改造为邻里互助中心、村史馆等公共空间;同时,优化党群服务中心功能,融入技能培训、休闲娱乐、文化体育等多样化服务,增强与村民日常生活的联系。通过提升平台使用效率,既能聚集人气,又能改善村民与村委的关系,促进乡村治理良性发展。

(3) 横向到边。凝聚村民,强化群团组织、经济社会组织支撑。推动各类组织向自然村延伸,构建以村党组织为领导、村民自治组织和村务监督组织为基础、群团组织及集体经济组织和农民合作组织为纽带、其他经济社会组织为补充的村级组织体系。把每个村民都纳入一个或多个组织,在组织中找到位置,增强归属感;让每个组织有序参与治理,形成人人关心和参与治理的局面。

发挥工青妇桥梁纽带作用,健全党群组织全覆盖到村一级。通过单独组建、村企共建、村村联建等方式推进村级工会组织全覆盖,提高群众知晓率与服务能力。工会一方面可以为村民提供劳动仲裁、异地维权等服务;另一方面可以加强村民技能培训,培育更多能工巧匠、产业工人以及乡村规划师等。推动妇联、共青团扎根基层,妇女最关心的是小孩上学、家人健康和就业等问题,妇联通过建立健康档案、推动"两癌"筛查、组织开展妇女职业技能培训等方式服务妇女;共青团则通过定期关心留守老人、儿童和困难学生,保障弱势群体权益,引导群众在乡村振兴中贡献力量。

引导村民积极参与红白理事会、道德评议会等自治组织,自发组建广场舞队、志愿服务队等社会组织,有序加入专业合作社、乡村合作公司等经济组织,共同参与基层治理。农村的经济合作社能促进村民之间形成利益共同体,将分散的小农户组织起来形成规模效应,与外部市场有效对接,提高村民收入。而乡贤会、宗族会、红白理事会等组织是村落血缘关系维系的纽带,大事小事进祠堂议一议,围坐在八仙桌前就能化解矛盾、商谈产业发展思路。夜晚三两成群的广场舞、拉二胡活动往往能让人忘记一天的疲惫。老姐妹们白天要工作、照看儿孙和做家务,晚上可以活动筋骨放松身心。各种互助性、公益性、服务性的社会组织能有效参与乡村治理,大爷大妈们的手工队、舞蹈队、唱歌队能为晚年生活增添色彩,也能帮助周边的人;残疾人士、弱势群体也能通过理发、刺绣等乡村社会组织做些力所能及的精细活,提升自我价值认知,从而增强对生活的信心与热情。共建共治共享:广泛发动村民参与和美乡村建设。

(4) 决策共谋、凝聚民意。围绕问题导向,通过开展入户访谈与问卷调查、设立村庄问题反馈箱等方式,了解村民对村庄发展存在的问题,并收集村民对村庄发展的建议。

(5) 发展共建、凝聚民力。从房前屋后、街头巷尾、公共空间等群众身边小事入手,找到村民容易参与的切入点,动员村民出钱、出物、出力、出办法,使村民的观念由"要我建"转变为"我要建"。

(6) 建设共管、凝聚民智。建设不易,管护更难,因此需要建立长效共管机制,调动村民参与管理的积极性,实现村庄的长效治理。

(7) 效果共评、凝聚民声。"效果共评"是改进农村建设和管理的重要途径,通过邀请党代表、村民代表、社会组织及辖区企业等参与评议,并开展能激发村民自治热情的各类评选活动,广泛听取民意。

(8) 成果共享、凝聚民心。全体村民平等享有乡村完善的设施与服务,平等参与村庄的各类文化活动,平等分享村庄的经济发展活力与产业收益,共同营造良好的精神风尚与温馨友好的村庄氛围。

3. 工作流程

1) 问题形成。

(1) 成立工作队,开展村庄调研:共同缔造需要充分调动各方治理主体的积极性,整合党群组织、社会组织、社区居民等多方力量参与村庄建设。开展共同缔造的首要工作是组建由当地各级政府、规划师以及社区能人组成的共同缔造工作队。工作队将深入村庄,开展实地调研,全面了解村庄的真实现状,包括人文和自然等方面的现状要素。

(2) 摸清人口组成,明确重点人群:通过走访、座谈、问卷调查等方式,收集村庄人口结构数据,包括各年龄段人口数量、常住人口构成、青壮年劳动力的就业情况及职业分布。在此基础上,识别重点人群,如村庄能人、优势劳动力群体以及留守妇女儿童等。

(3) 进行走访座谈,引导问题浮现:要了解村庄发展的真实现状,需要进行多次调查,尽可能覆盖村庄大部分居民。然而,大多数受访居民难以准确表达内心的真实想法,因此需要规划师通过入户走访、座谈会、主题活动等方式,引导村民提出村庄发展中存在的实际问题。

(4) 整理共享信息,形成问题清单:对收集到的问题进行识别处理。同工作队一道进行讨论,从地方、行政以及专业的角度整理出共性问题与核心诉求,破除信息茧房,形成问题清单。

(5) 问题分级分类,制订行动方案:根据县、镇、村各级职责对问题进行分级分类,明确县、镇、村或村民各自能够解决的范畴,并制订下一步行动方案。行动方案主要包括:建立上传下达、多级联动及资源精准下沉的机制,以及动员群众自主解决身边力所能及问题的机制。

2) 方案实施。

(1) 引导政府资源下沉与群团组织服务下沉:在分级分类整理问题清单并制订行动方案后,需通过具体规划方案和建设行动探索机制体制的建立。方案实施首先需要资源下沉,例如:针对留守儿童兴趣辅导问题,协调群团组织送服务进村;针对危桥修缮问题,由县交通局、水利局协同解决。

(2) 针对重点问题制订实施方案:针对问题清单中的共性问题和重点问题,在引导资源下沉的同时,组织群众与工作队共同讨论制订实施方案,确保问题源于群众需求、方案体现群众意愿、行动依靠群众参与。这样才能调动群众智慧和热情,使方案符合村庄实际,成果得到村民认可,后续管护得以持续。

(3) 推动方案实施并引导群众参与:在共同制订实施方案后,引导各方协同推进。例如,村民投工投劳,县镇以奖代补,以此在共同缔造初期最大限度激发村民参与热情。

（4）探索机制体制并形成工作建议：在方案实施过程中，工作队应积极探索机制体制的建立与运行。例如，通过小菜园、小花园建设引导村民投工投劳改善人居环境，政府以奖代补激励村民参与，并建立后期管护和评价的奖惩制度，形成长效机制。同时，规划师应运用专业知识，总结实践中的问题，提出改进建议，如优化村民研讨会的频率、形式和秩序等。

（5）建立群众信任并收集村民愿景：通过活动开展、方案研讨和行动实施，建立工作队内部及村民对工作队的信任。信任是村庄工作的关键，有助于挖掘村民真实诉求和愿景，并据此优化方案和规划。在此过程中，各方可深化对"共同缔造"内涵的理解，形成共治共建共享的共识。

3）推动机制体制运行。

（1）开展主题活动，拉近与村民的关系：这一流程贯穿工作全周期，需要通过持续开展各类活动来不断拉近与群众的关系。例如，针对村庄主要人群——留守妇女儿童，工作队根据村民需求，积极协调开展妇女职业培训、文娱活动及儿童兴趣活动等。在此过程中，逐步探索资源下沉、周期性服务进村以及村民研讨机制的建立与运行。规划师和当地干部也通过参与活动融入社区，增强与村民的有机联系。

（2）形成体制机制，组织村民讨论：在前期规划建设行动的基础上，总结体制机制的实施与运行经验，形成较为成熟的成文制度，并在制定过程中持续组织村民讨论、征求群众意见并完善内容。

（3）动员组织群众，开展村庄建设：体制机制初步建立后，需通过实践不断调整完善，同时激发群众参与热情。例如，动员村民对房前屋后、公共空间及重要节点进行改造建设，并通过奖补、监督等机制引导村民主动参与，确保建设成效。

（4）制订规划方案，讨论修改并实施：村民在开展乡村建设时，工作队需提供专业支持。可采取"我出设计你建设"的模式，在规划房前屋后、公共空间等人居环境时，根据村民需求设计初稿，再通过反复讨论和实地调整，最终形成群众满意的方案。

（5）推动体制机制运行，凝聚发展共识：在引导群众、制订方案、落实行动的过程中，逐步让体制机制自主运转。通过激励和规范机制引导村庄建设行为，培育内生发展动力，并在集体行动中整合社会关系，最终在多方协作中形成对"共同缔造"和村庄发展的真正共识。

（一）村级党群服务中心建设

1. 适用范围

党群服务中心是面向党员、基层干部、入党积极分子和周边群众，开展党务政策咨询、办理党内业务、传播党建理论知识、组织党员政治生活的场所。其服务内容包括党建指导、党群服务、教育管理、创业服务、人才联络、志愿帮扶、干部下沉挂钩，以及文化、便民、医疗、养老、教育、助老等党政联系服务基层的工作。

2. 基本要求

（1）以人为本，服务多元。党群服务中心建设应满足基础政务服务需求，除设置综合服务大厅和政务服务平台外,还需结合当地实际,针对不同群体需求配置多样化设施,如爱心食堂、幼托服务、技能培训站、文体活动场所等;针对青壮年群体,可增设技能培训中心等专项服务。

(2) 室内外统筹,功能衔接。党群服务中心建设应充分利用周边空地,实现设施配置与资源、人群需求相匹配。例如,室外儿童乐园附近可增设休息座椅、成人健身器材或乒乓球桌,兼顾老人活动与休憩需求;室内文体活动中心宜与儿童活动区相邻,便于照看与管理。

(3) 规模合理,按需建设。党群服务中心升级改造及场地选址应与农村人口规模相适应,科学预估服务人群数量,避免盲目扩建导致资源浪费。

3. 空间建设

1) 机构设置。应在乡镇各村建立村级党群服务中心(站),优先选址于人口集中、交通便利的中心区域,或依托现有村委会、村活动场所进行改建。建设过程中应结合当地特色文化,注重功能性与实用性。

2) 功能设置。党群服务中心应集政治引领、基层党建、基层治理、为民服务等功能于一体,打造综合性服务平台。

3) 空间设置。

(1) 党群服务。提供党员学习、工作及村民议事、会议等活动的场所,满足党群活动需求。

(2) 政务服务。结合实际需求设立政务直通服务点,涵盖村内政务办理、政务公开、基层治理等功能。

(3) 卫生保健。卫生服务区域应独立设置,规模与村庄人口、经济状况相匹配,兼顾现状与发展需求,确保布局合理、安全卫生。

(4) 养老托幼。建设老年服务中心、幼托服务站(母婴活动室)等设施,并配备无障碍通道,方便老年人和幼儿使用。

(5) 便民商务。设置便民超市、物流快递寄取点等,满足村民日常购物和物流需求。

(6) 产业服务。加强人才服务功能,设立技能培训站、电商服务中心等,助力村庄产业发展。

(7) 文化教育。提供图书阅览、志愿服务、农家书屋(青少年学习室)、社区文化展示区等文化教育空间。

(8) 文化活动。建设室内外文体活动场所,包括基础健身设施、休闲娱乐空间,满足村民多样化文体需求。

4. 制度保障

(1) 组织领导与日常管理。党群服务中心建设由村"两委"领导班子统筹推进,并作为村"两委"成员集中办公和联系服务群众的场所。完善工作人员值班制度,确保村庄事务及时处理,群众办事随时有人对接。

(2) 民主决策与建设保障。由村"两委"牵头成立筹备小组,组织村民讨论,广泛征集意见,确保党群服务中心建设符合群众需求。同时,加强与施工单位的协调，做好建设后期保障工作，确保项目顺利实施。

（3）村民参与与特色营造。鼓励村民投工投劳参与建设，并动员村民捐赠具有纪念价值或反映村庄历史的老物件，打造富有本土特色的党群服务中心。

（4）共同管理与灵活开放。党群服务中心由基层党组织和村民共同管理维护，确保公共设施完好。根据村民需求灵活设置开放时间，推行"一室多用"模式，对高频服务可延长开放时间或实行错峰管理。

（5）监督机制。建立自我监督与外部监督相结合的机制，主动接受上级行政监督和群众监督，保持与群众的密切联系，持续优化服务。

（6）资源整合与共建共享。党群服务中心作为资源整合平台，统筹工会、共青团、妇联、非公企业及社会组织等党建资源，通过结对帮带、共建共促，实现组织联动、活动联办、场地共用、服务共享。

（二）村小组邻里互助中心建设

1. 适用范围

"邻里互助中心"是一种为村民提供日常集会、文化活动、乡村宣传、留守儿童教育等服务的乡村共享空间。

中国农村历来有建设此类空间的传统，宗祠、城隍庙、书院等都可视为邻里互助中心的早期形态，村民常在此商议事务、举办活动。然而，随着现代化进程推进，这些传统空间逐渐式微。为满足村民议事、集会、休闲娱乐等需求，需以共享空间为载体，通过互助小组强化基层治理，而邻里互助中心正成为建设和美乡村的重要抓手。

在建设中，应结合本村实际，优先改造闲置房屋为邻里互助中心。空间设计以室内功能为主，同时整合房前屋后的绿地、休憩区等户外区域，形成复合型共享场所。

2. 基本要求

（1）便民服务。将邻里互助中心纳入乡村5分钟生活圈建设范围，满足居民多样化需求。

（2）统筹布局。在改造邻里互助中心的室内公共空间、户外生态及休憩空间时，应统筹设计和布局各功能区。

（3）普惠公平。邻里互助中心建设应充分考虑各年龄段及不同行为能力村民的需求，确保空间的可使用性和安全性。

（4）村民参与。鼓励村民参与邻里互助中心的规划与设计，并对村民提出的建议予以回应。

（5）就地取材。邻里互助中心建设应尽量采用本地材料，以降低改造成本并保留当地文化特色。

（6）持续共营。通过建立村民共建共治共享的机制，保障邻里互助中心的长期维护和可持续运转。

3. 空间建设

1）室内空间建设。

（1）每个自然村（村小组）宜设立1处邻里互助中心，配备用于议事集会、休闲娱乐等活动的室内空间。

（2）邻里互助中心的室内活动空间应具备良好的自然采光和通风条件，建议面积不少于50平方米，并保持每日开放。

（3）应设置专门的村民集会议事区，配备会议桌椅、黑板、饮用水及杯子等必要设施。

（4）结合养老服务功能，为老年人提供休憩、棋牌、健身等服务，并配备相应设施；可探索通过以奖代补方式购买养老服务。

（5）应设立阅览区，配备农业发展、历史文化、儿童绘本等各类书籍，以满足不同年龄群体的阅读需求。

（6）应具备文化展示功能，结合本村民俗活动、手工技艺、历史老物件等特色，打造农村优秀传统文化展示空间。

（7）室内设施及物品应符合环保标准，确保公共空间空气质量达标。

（8）室内照明应符合国家相关标准，并定期检查电源保护套等用电安全设施。

（9）室内应配备消防设施，并定期进行检查维护。

2）室外空间建设。

（1）在邻里互助中心的房前屋后，利用现有的石墩、树木等设置座椅，打造休憩空间。

（2）充分保护现有绿地和树木，利用陶罐、小轮胎等容器种植盆栽，美化房前屋后环境。

（3）建筑外立面应体现乡土特色，可通过广泛征集居民的老物件进行装饰。

4．制度保障

（1）由行政村主要负责人统筹本村各组的邻里互助中心建设，小组长担任本组建设的第一责任人。同时，由村民选举产生成员，成立邻里互助中心筹备建设小组。

（2）建立村民议事机制，充分了解各类人群需求，发动村民共同商议决定邻里互助中心的建设形式（包括内部功能设置、外部形体改造等）。

（3）广泛发动村民捐资捐物，合力共建邻里互助中心。

（4）建立村民共管机制，组织开展常态化活动，确保邻里互助中心开放时间充足、环境维护到位。

（5）建立村民共评机制，对邻里互助中心的建设成效进行评估，并将评价结果作为未来完善工作的依据。

（6）以邻里互助中心为主要阵地，建立承接工青妇等群团组织和社会资源纵向到底的体制机制。

（7）建立健全邻里互助中心建设的以奖代补机制，推动政府资源配置与村民参与有机结合。

（三）房前屋后"四小园"改造

1．建设范围

（1）充分利用农户房前屋后的闲置土地（不得占用永久基本农田），因地制宜建设小菜园、小果园、小花园、小公园（以下简称"四小园"）。

（2）以村、组为单位，结合当地地形地貌、植被特点和风俗习惯，对"四小园"进行统一规划设计，确保"环境整洁、种植规范、管理精细、自然美观"的建设标准。

（3）具体要求：①房前屋后有闲置土地的农户：必须建设小菜园、小果园或小花园；②无闲置土地的农户：可通过绿化阳台、墙面等方式，倡导每户至少拥有一个小菜园、小果园或小花园；③村组公共空间：利用林盘、重要节点或村委会周边等区域，打造小公园，力争每个村民小组至少建设1个小公园。

2．基本要求

（1）以人为本。以改善群众房前屋后等人居环境的实事小事为切入点，充分尊重村民意愿，合理确定建设内容，做到精准施策。

（2）高效利用。明晰土地权属，充分挖掘并盘活乡村土地资源，切实提高土地利用效率。

（3）因地制宜。科学选用经济实惠、易于管护的当地常见植物（如果树、蔬菜、乡野花草等），营造独具特色的乡村风貌。

（4）持续共营。通过常态化开展共同缔造活动，构建共建共治共享新格局。重点激发村民参与改造的主体意识和积极性，实现美丽乡村可持续发展。

3．空间建设

1）小菜园的建设。

（1）选址与规模。小菜园以满足村民自给自足需求为主，选址应优先考虑村民日常照料的便利性，遵循就近原则，尽量布置在住宅附近，如房前屋后、宅旁空地等。同时，应兼顾蔬菜健康生长和环境卫生要求，避免设置在交通干道两侧。由于宅旁空间有限，且小菜园以家庭自用为主，建议单块菜园面积不小于10平方米，宽度宜大于1.5米，以保证合理种植空间。

（2）硬景观设计。小菜园的硬景观主要包括篱笆和地面铺装。①篱笆：用于保护蔬菜、界定边界，材料应体现环保理念，优先采用木头、竹子等天然材料或废弃资源。建议高度控制在50～120厘米。②地面铺装：应采用透水材料，以促进雨水自然下渗，减少地表径流。

（3）软景观配置：①蔬菜种植：应成行成排布局，并按季节轮作（推荐品种见下表）。②土壤改良：种植前需对土地进行松翻、细整、培肥，确保土壤达到疏松、平整、肥沃的标准。

（4）配套设施。为便于日常管理，可配置以下设施，①灌溉设施：保障蔬菜生长需水。②储存设施：用于存放整地、播种、除草、收获及灌溉工具。③垃圾收集设施：分类收集菜园废弃物，其中可腐烂垃圾可统一堆肥处理，实现资源循环利用。

2）小果园的建设。

（1）选址要求。小果园用地应尽量成方连片，优先选择以下区域：①宅间大面积空地；②"三清三拆三整治"清理出的较大面积土地；③适宜的山头、村头巷尾（如结合大榕树等现有树木种植）。避免选址于交通性道路两侧，需兼顾环境卫生与运输便利性。果园面积不宜小于 50 平方米，宽度建议大于 5 米。

（2）硬景观设计。①篱笆：采用竹子或树篱，高度 80～150 厘米，用于保护植物并界定边界；②地面铺装：需使用透水材料，促进雨水自然渗透。材料选择应体现环保理念，优先利用天然或废弃资源。

（3）软景观配置。①果树：成行成排种植，统一整形修剪，确保树形美观、高度一致；②土壤：需深挖改土、培肥，保证疏松肥沃且有机质含量高；③植物选择：鼓励种植本地特色、易存活、抗病害的经济作物或观赏类果树蔬菜。高大树木应与主房保持安全距离。

（4）配套设施。根据养护需求配置以下设施：①灌溉设施；②果实储存设施；③垃圾收集设施。

3）小花园的建设。

（1）考虑到花园的景观美化作用，应尽量建设在可供村民和行人欣赏、对塑造村庄景观有重要作用的地点，如道路两旁、村头巷尾等空间。可充分利用三角地、长条形地等不规则的闲置用地。小花园占地面积应大于 10 平方米，宽度宜大于 0.5 米。

（2）小花园的建设可选用篱笆，篱笆材质宜采用木头、竹子等天然材料，高度宜为 50～120 厘米。小花园周边地面铺装应采用透水材料，以利于雨水自然渗透。

（3）花卉种植应成行成排或布置有序，品种选择上宜多年生和一年生搭配种植，以保证四季花开不断。土壤应疏松、平整、肥沃，需进行松土、细翻、改土和培肥。

（4）为便于花卉的修整、采摘和灌溉，可配置灌溉设施、储存设施和垃圾收集设施等园地设施。

4）小公园的建设。

（1）考虑到公园的服务以及展示功能，应主要建设在村庄入口、村庄中心等空间，用地应尽量结合村庄的公共活动空间（如村委会、村民活动中心、祠堂、风水塘等），也可利用村民住宅之间的大片用地。小公园占地面积应大于 300 平方米，其中绿地面积应大于 200 平方米。

（2）公园内应设置公园道路，并结合桌椅板凳等休憩设施和健身设施。条件允许的还可以建设凉亭、雕塑等其他附属设施。

（3）小公园应美观实用，合理搭配植物。园内应合理分配乔木、灌木、草本植物和花卉等多种植物，做到层次分明。

（4）应完善灌溉设施、蓄水设施和垃圾收集设施，确保公园绿化和服务设施得到定期维护。

4. 制度保障

（1）确立以奖代补制度。为确保美丽乡村"四小园"共同缔造工作的顺利推进，需依托县财政奖补资金或村集体收入，制定《小菜园以奖代补工作办法》，明确奖补范围和标准，从奖励条件、奖励标准、管理规定、项目流程等方面对"四小园"建设进行制度规范。实施过程中可根据实际情况对细则作适当调整。

（2）改造对象共谋。由行政村主要负责人统筹本村各组"四小园"改造工作，村民小组长作为第一责任人。通过村民选举成立"四小园"改造筹备小组，筹备小组与村民共同召开村组会议，分批次选定改造对象。同时，需全面摸排房前屋后闲置地的分布情况（包括所有权人、面积、入口位置、现状功能、地形环境等）及村民基本信息（家庭构成、经济水平、建设诉求等），整理数据并附照片、视频等资料。综合现有资源条件，确定改造目标场地及初步方向（小菜园、小果园、小花园或小公园）。

（3）"四小园"共建。"四小园"建设需凝聚多方力量：村委负责总体协调，场地主人及其家人负责闲置材料的收纳与规整，设计团队提供方案落地指导，形成分工明确、协作高效的建设队伍。

（4）施工过程审核。施工过程中，所有设计要素和施工材料均需经村委会及规划单位审核，确保符合国家、地方标准及村庄条例后方可进入下一阶段施工。

（5）改造成果验收。项目完工后，由村委、村民代表、规划单位及专家共同参与竣工验收。验收合格后，各方代表需在报告上签字盖章，并由村委会与规划单位共同组织项目移交工作。

（6）改造后评价。竣工验收后，村委会及规划单位应在村民中开展后评价调查，内容包括改造质量、施工安全、实际效果等，评价结果作为绩效考评依据。

（7）后期管理维护。建立长效管理机制，在党建引领下组建由纪委干部、村委代表、党员及村民代表构成的管理委员会，推行符合乡村特色的管理模式。管委会需制定维修资金归集、使用及续筹机制，确保"四小园"维护更新良性运行。

（四）乡村儿童友好空间建设

1. 适用范围

儿童友好空间（Child Friendly Space）指为儿童出行、玩耍、学习、交往等活动提供安全、优质服务的公共空间，需兼顾儿童个体需求及与自然、社会的互动联系。

在中国农村地区，留守儿童问题突出。儿童友好空间因规模灵活、分布广泛、改造周期短、群众接受度高，成为儿童友好型乡村建设及和美乡村共同缔造的重要抓手。其类型包括：①室内空间（如儿童服务中心、阅览室等）；②户外活动空间（如儿童公园、运动场地等）；③交通出行空间（如安全步道、人行横道等）。

2. 基本要求

（1）儿童优先：空间设计应符合儿童好动、好奇的天性，支持自然探索与创造力发展。

（2）统筹布局：统筹规划室内公共空间、户外游戏空间及野外活动空间的功能衔接。

（3）普惠公平：需适配不同年龄段及行为能力儿童的需求，确保可及性与安全性。

（4）生态友好：融入乡村生态文化，营造利于儿童成长的绿色环境。

（5）儿童参与：鼓励儿童参与规划设计，并对建议给予实质性反馈。

（6）持续共营：建立村民共建共治共享机制，保障空间长效运维。

3. 空间建设

1）室内空间建设。

（1）每村（社区）应至少设置 1 处儿童服务中心或活动阵地，配备专属室内活动空间。

（2）室内空间需自然采光、通风良好，每周开放≥4 天（含周末≥1 天）。

（3）设置儿童阅览区（含绘本专区及亲子阅读区），照明应符合国标，定期检查电源保护套等设施。

（4）配备儿童及家长休息室、洗手间（含儿童便溺器）。

（5）可利用文化礼堂等场所开展传统文化/非遗活动，全程保障儿童安全。

（6）桌椅、绘本、玩具等设施需符合国标，按年龄分区摆放。

（7）游戏设施需环保达标，禁止吸烟并标识明确。

（8）鼓励将存量房屋改造为托育场所，或依托日间照料中心建设普惠性托育机构。

（9）结合民俗活动、手工制作等开展传统文化教育。

2）户外空间建设。

（1）利用服务中心、林盘等公共空间建设儿童游乐公园。

（2）5 分钟生活圈内配置 1 处适合≤12 岁儿童的户外场地（含沙坑、浅水池、滑梯等）。

（3）15 分钟生活圈内配置 1 处≥800 平方米的多功能运动场（可开展篮球、足球等活动，兼作应急避难场所）。

（4）按年龄分区设置游乐设施，避免活动冲突。

（5）配备适合儿童及家长使用的休息座椅。

（6）结合农林牧渔资源开展劳动教育。

（7）利用闲置绿地建设"农事体验角""迷你菜园"等自然认知场地。

（8）利用墙面、闲置空间打造涂鸦墙、朗读亭等美育微空间。

（9）劳动教育场所需设置安全警示与知识标识。

（10）配置儿童友好型垃圾分类设施。

3）交通出行空间建设。

（1）儿童游乐场应选址于无车辆通行的独立区域，避免途经危险道路。

（2）上下学道路需设置注意儿童标志、限速设施（减速带、警示牌）及人行横道。

（3）高压变电装置、河塘等危险区域需设置围栏及警告牌。

4. 制度保障

（1）由村（社区）主要负责人统筹本村（社区）儿童工作队伍建设，选优配强村（社区）儿童主任，负责掌握辖区内困境儿童动态，了解儿童各类需求，并组织课后服务、夏（冬）令营、兴趣拓展、亲子活动、心理疏导等各类儿童活动。

（2）充分利用妇儿驿站的平台作用，重点关注困境儿童，及时发现辍学在家、无人照顾、留守或曾遭受虐待等高风险情况，并制定针对性应对措施，同时上报公安机关及相关部门。

（3）建立乡村志愿者服务管理制度，做好志愿者的登记、培训、记录、激励及评价工作，重点为留守儿童和困境儿童提供特殊服务。

（4）定期为儿童开展内容健康的研学服务或主题活动。

（5）设立村（社区）儿童友好公共基金，支持儿童事业发展。

（6）有条件的乡村可邀请儿童教育及心理工作者、乡村景观设计师、农业工作者、儿童工作者及专业社工等共同参与儿童友好乡村环境空间设计。

（五）小型公共建设以奖代补实施办法

1. 适用范围

以奖代补主要适用于共同缔造过程中的小型公共建设项目，指操作性强、群众参与度高、惠民效果显著的小额公共建设项目（一般不超过50万元），例如：房前屋后"四小园"改造、儿童友好空间建设、政府购买老年服务等。

2. 基本要求

（1）多级联动。建立县、镇、村、村民小组、村民多方协作机制。以村民小组为申报单位，县级政府负责政策指导和部分资金支持，村级组织负责项目实施与监督，村民通过投工投劳、自筹资金、反馈意见等方式参与，乡镇政府承担协调与联合监督职责。

（2）操作便捷。简化项目申报和实施流程，确保基层工作者和群众易于理解操作。具体措施包括：提供标准化申报模板、组织专题培训、设立咨询热线，必要时由乡镇派驻项目填报指导员。

（3）群众参与。通过座谈会、问卷调查等形式广泛征集群众意见，确保项目设计符合实际需求。鼓励群众以志愿服务等形式参与实施，增强参与感和归属感。

（4）普惠共享。项目成果应惠及全体村民，重点关照弱势群体。规划时需综合考虑不同年龄、性别、能力群体的差异化需求。

3. 实施方式

方式一：奖励先进。

（1）转变财政补助方式，由村民小组、企业、社会组织等先行投入资金，项目验收合格后由县级财政给予奖励性补助。

（2）工作流程：①制定评比办法，采用"自评+互评+镇评"三级评审机制；②对表现突出的行政村给予集体奖励；③开展村民层面评比（如小学生评议、交叉评议等），表彰贡献突出的个人或家庭。

方式二：参与式预算。

（1）县级财政审批各村申报项目后拨付启动资金，引导社会力量共同投入。

（2）工作流程。①项目征集：通过村民大会自下而上提出项目计划（含预算），报镇政府备案。②项目审批：县级部门按标准评审入库并公示，配套启动资金。③组织实施：村委会牵头，多方共同筹资投劳，落实管护责任。④项目评估：实行"工程质量+共谋共建+长效管护"多维考核。⑤资金监管：一是设立村级监督委员会和专用账户；二是资金使用须经村民议事程序及监委会、镇政府双审；三是镇政府与村民代表联合监督财务执行。⑥ 信息公开：建立项目台账，全程公示财务收支。

（六）乡规民约

1. 重要意义

乡规民约属于非正式制度，是村民自治的一种重要形式，有助于规范村民的行为，维护农村的社会秩序，预防和减少社会矛盾和纠纷，有效减轻基层治理的负担，将矛盾化解在基层。

村民围绕移风易俗、农房建设、村庄公共建设等方面逐条讨论，形成共识和公约，可以增强村民的自我管理、自我教育和自我服务能力。

一般而言，乡规民约包括社会公德和行为规范、公共秩序维护、资源管理和环境保护、经济发展和集体资产管理、村务监督等内容，是社会主义核心价值观融入乡村的重要途径，有助于强化村民集体主义和道德观念。

2. 设计要点

（1）明确目标与宗旨。首先，应明确村规民约的目标和宗旨，如提升村民的生活质量，促进和美乡村建设，维护村庄秩序等。

（2）规定分类。确定村民最容易形成共识、自我管理效果最好的几个方面规定，如渡河村应包括但不限于移风易俗、公共设施建设管护、农房建设、产业发展等。

（3）村民共议，形成公约。在开始共议前，通过村会、微信群、展板等多种渠道广泛宣传，提高村民对乡规民约重要性的认识。鼓励通过优秀案例引导村民。

召开村民大会或小组会议，邀请所有村民参加。确保会议时间和地点对所有人开放和方便。采用线上线下相结合的方式，让无法到场的村民也能参与到共议过程中来。

在会议中，鼓励村民畅所欲言，提出自己对乡规民约的意见和建议。设置意见箱或在线调查问卷，收集不能参会村民的意见和建议。主持人（一般为村支书）对村民提出的意见和建议进行分类汇总，当场与村民约定形成的几方面规定。对于有争议的部分，鼓励村民共同讨论解决。将最后的乡规民约公示，确保每位村民都能了解到最终的规定内容。

3. 考核与激励机制

设置考核评比制度，对违反规定者进行教育管理，对遵守规定尤其是在特定方面表现突出的个人或家庭给予奖励。

4. 实施与监督

确保村规民约得到有效实施，可以设立监督委员会负责监督执行情况，处理违规行为。

5. 动态调整

鼓励村民根据村庄发展的实际情况，不断讨论、调整村规民约的内容，定期召开村民大会讨论和审议村规民约相关事宜，保证村规民约的透明度和公平性。

（七）村民议事

1. 议事范围

与村民切身利益密切事项、村民反映强烈、社会福利村民权益的政策措施制度与调整等。

2. 议事流程

（1）由会长召集与主持，宜固定时间开展。

（2）提前安排，紧急情况可立即召开。

（3）保证议题相关人员参加。

（4）结果现场公布。

3. 议事要求

（1）符合公共利益。

（2）围绕村民普遍关心的问题。

（3）"一事一案、实事求是、简明扼要"。

（4）底数清、情况明，意见合理可操作。

参考文献

［1］流响文学社. 访千年古寺寻佛法禅缘［EB/OL］. 2022-08-12［2025-05-19］.

［2］沈元寅，徐昱，萧蕴枢，等. 顺治版黄梅县志［M］. 武汉：武汉大学出版社，2022.

［3］赖永海. 唐高僧传［M］. 北京：东方出版社，2019.

［4］百度百科. 菩提流支［EB/OL］. https://baike.baidu.com/item/菩提流支/8086451，2025-05-19.

［5］惠能. 六祖坛经［M］. 南京：凤凰出版社，2010.

［6］曹树基，中国移民史：第5卷［M］. 福州：福建人民出版社，1997.

［7］於莹楠. 晚清鄂东历史文化地理研究［D］. 武汉：武汉大学，2022.

［8］黄梅县人民政府. 新修版黄梅县志［M］. 武汉：湖北人民出版社，1985.

［9］鲁西奇. 人群聚落地域社会：中古南方史地初探［M］. 厦门：厦门大学出版社，2012.

［10］中共中央办公厅. 中共中央办公厅印发《关于加强和改进城市基层党的建设工作的意见》［EB/OL］. 中国政府网，2019-05-08［2025-05-19］. https://www.gov.cn.

［11］中共中央办公厅，国务院办公厅. 关于规范村级组织工作事务、机制牌子和证明事项的意见［EB/OL］. 中国政府网，2022-08-22［2025-05-19］. https://www.gov.cn.

［12］人民网. "党群服务中心"的定位与作用［EB/OL］. 人民网党建频道，

2020 – 07 – 14［2025 – 05 – 19］. https：//dangjian. people. com. cn.

［13］国家市场监督管理总局，中国国家标准化管理委员会. 村级公共服务中心建设与管理规范：GB/T 38699—2020［S］. 北京：国家市场监督管理总局，2020.

［14］泰和县人民政府. 关于转发《进一步提升全县村（社区）党群服务中心标准化建设的实施办法（试行）》的通知［EB/OL］. 泰和县政府信息公开，2023 – 07 – 08［2025 – 05 – 19］. http：//www. jxth. gov. cn.

［15］灌南县人民政府. 李集乡：扎实推进村（社区）党群服务中心提升工程［EB/OL］. 灌南县政府网站，2025 – 05 – 19［2025 – 05 – 19］. http：//www. guannan. gov. cn.

［16］上海市闵行区人民政府. 居村党群服务中心（站）建设与服务指南［S］. 上海：上海市闵行区人民政府，2023.

［17］国务院办公厅. 国务院办公厅关于印发"十四五"城乡社区服务体系建设规划的通知：国办发〔2021〕56 号［EB/OL］. 中国政府网，2022 – 01 – 21［2025 – 05 – 19］. https：//www. gov. cn.

［18］中共中央办公厅，国务院办公厅. 关于加强乡镇政府服务能力建设的意见［EB/OL］. 中国政府网，2017 – 02 – 20［2025 – 05 – 19］. https：//www. gov. cn.

［19］中共中央，国务院. 关于加强和完善城乡社区治理的意见［EB/OL］. 中国政府网，2017 – 06 – 12［2025 – 05 – 19］. https：//www. gov. cn.

［20］安徽省市场监督管理局. 社区邻里中心建设与服务规范：DB34/T 4179—2022［S］. 合肥：安徽省市场监督管理局，2022.

［21］湖州市市场监督管理局. 幸福邻里中心建设与服务管理规范：DB3305/T 57—2018［S］. 湖州：湖州市市场监督管理局，2018.

［22］广东省农业农村厅. 关于因地制宜打造农村"四小园"等小生态板块的通知［EB/OL］. 广东省农业农村厅网站，2020 – 07 – 22［2025 – 05 – 19］. https：//dara. gd. gov. cn.

［23］广东省住房和城乡建设厅. 广东省建设生态宜居美丽乡村共同缔造实施指引［EB/OL］. 广东省住房和城乡建设厅网站，2021 – 11 – 02［2025 – 05 – 19］. https：//zfcxjst. gd. gov. cn.

［24］卢英方. 农村美好环境与幸福生活共同缔造工作指南［M］. 北京：中国建筑工业出版社，2019.

［25］联合国大会. 第 44/25 号决议：儿童权利公约（Convention on the Rights of the Child）［EB/OL］. 联合国官网，1989 – 11 – 20［2025 – 05 – 19］. https：//www. un. org/zh/documents/treaty/A – RES – 44 – 25.

［26］联合国. 儿童生存、保护和发展世界宣言［EB/OL］. 联合国数字图书馆，1990 – 09 – 30［2025 – 05 – 19］. https：//digitallibrary. un. org/record/97566.

［27］联合国儿童基金会. 儿童友好型城市倡议：促进儿童和青年参与——备选行动方案［EB/OL］. 联合国儿童基金会，2018［2025 – 05 – 19］.

［28］国务院未成年人保护工作领导小组. 国务院未成年人保护工作领导小组关

于加强未成年人保护工作的意见［EB/OL］. 2021-06-06［2025-05-19］.

［29］中华人民共和国教育部. 义务教育劳动课程标准（2022年版）［S］. 北京：教育部，2022.

［30］中华人民共和国住房和城乡建设部. 完整居住社区建设指南［S］. 北京：住房和城乡建设部，2022-01-12.

［31］国家发展改革委等23部门. 关于推进儿童友好城市建设的指导意见：国家发改社会〔2021〕1380号［EB/OL］. 2021-09-30［2025-05-19］.

［32］中华人民共和国国家质量监督检验检疫总局，中国国家标准化管理委员会. 玩具安全 第11部分：家用秋千、滑梯及类似用途室内、室外活动玩具：GB 6675.11—2014［S］. 北京：中国标准出版社，2014.

［33］中华人民共和国国家质量监督检验检疫总局，中国国家标准化管理委员会. 学校安全与健康设计通用规范：GB 30500—2014［S］. 北京：中国标准出版社，2014.

［34］中华人民共和国国家质量监督检验检疫总局，中国国家标准化管理委员会. 儿童安全与健康一般指南：GB/T 31179—2014［S］. 北京：中国标准出版社，2014.

［35］中国城市科学研究会. 儿童友好社区建设规范：T/ZSX 3—2020［S］. 北京：中国城市科学研究会，2020.

［36］中国城市科学研究会. 儿童友好乡村建设规范：T/ZSM 0009—2022［S］. 北京：中国城市科学研究会，2022.

后　　记

　　乡村规划既是一门实践性极强的学科，也是一项需要多方参与的社会工程。在规划实施过程中，必须充分尊重村民意愿，切实发挥村民的主体作用。"共同缔造"的理念源于云浮共识，通过在湖北省黄梅县五祖镇渡河村的实践探索，我们深刻体会到"共同缔造"作为一种规划方法在改善人居环境、推动产业发展、增强集体凝聚力以及提升基层治理效能等方面的显著成效，同时也认识到这种实践对规划教育改革的重要启示。

　　在渡河村的实践过程中，我们创新性地将教学与实践深度融合。通过组织学生参与现场调研、方案设计和实施反馈等环节，引导他们深入乡村、贴近村民，从而更全面地理解乡村规划的复杂性和独特价值。这种"实践—总结—反思—提升"的循环学习模式，不仅拓宽了学生的专业视野，更培养了他们的实践能力和社会责任感，对培养适应社会需求的规划人才、破解当代中国乡村发展难题具有重要的现实意义。

　　本书的编写立足于湖北"深化共同缔造推进党建引领基层治理体制机制创新"的试点工作。近年来，湖北省通过践行"共同缔造"理念，有效激发了基层群众的参与热情，创新了治理机制，形成了独具特色的基层治理模式，为我们的研究提供了宝贵的平台。本书系统梳理了在黄梅县渡河村试点工作中的实践经验和创新成果，旨在为其他地区提供参考借鉴，同时为学术界呈现一个典型的行动研究案例。

　　全书共分六章，完整呈现了从理论探索到实践创新的全过程：第一章阐述乡村规划的基本概念、重要价值及实践特征；第二章记录师生驻村筹建共同缔造工作坊的实践历程；第三、四章详细介绍规划方案制订与行动计划实施情况，涵盖重点场所营建、微空间改造、公共空间提升以及产业培育等具体措施；第五章探讨长效机制建设，为乡村可持续发展提供制度保障；第六章汇集了学生和镇、村干部的实践感悟。

　　在教材编写过程中，我们得到了各级政府部门和各界人士的大力支持。特别感谢湖北省委省政府、黄冈市委市政府、黄梅县委县政府、五祖镇委镇政府以及渡河村"两委"的鼎力相助；感恩渡河村村民与我们开展的深度交流与合作，共同催生了富有生命力的理论成果与实践方案；衷心

后　记

感谢学校领导，特别是时任党委书记陈春声教授对我们开展"共同缔造"的高度认可；由衷感谢徐俊忠教授、王劲副教授、李敏胜博士、黄耀福博士和刘灿规划师的专业指导，以及杜梦昭、黄洋、陈金凤、邓鑫、陈诗琦、卜晔婷、赵海龙、杨明华、莫凤连、岑筠枫等同学、同事的辛勤付出。

编写过程让我们深切体会到"教学相长"的深刻内涵。本书每一章节的撰写都凝聚着我们对乡村规划专业的思考与探索，但由于编写时间、实践范围和认知水平的限制，书中难免存在不足之处，恳请广大读者批评指正。当前，渡河村的实践仍在深入推进，我们期待更多创新成果的涌现，也希望本书的出版，能够为美好环境与幸福生活共同缔造贡献智慧力量！